「スパコン富岳」後の日本

科学技術立国は復活できるか

小林雅一

KDDI総合研究所リサーチフェロー

723

中公新書ラクレ

はじめに——日本の科学技術が世界を再びリードする日

国際社会における日本の競争力低下が取り沙汰されて久しい。中でも科学技術力の弱体化はしばしば指摘されるところで、確かに日本の論文発表数や世界大学ランキングの順位などは近年停滞、ないしは下落傾向にある。加速する少子高齢化や人口減少なども相まって、今後日本が衰退の道を辿るのは必至と見る向きも多いが、それは本当だろうか。

そうした悲観論者に問いたい。ではなぜそのような国が今、世界ナンバーワンのスーパーコンピュータ（以下、スパコン）を作り出すことができたのだろうか？

日本の理化学研究所（以下、理研）と富士通が共同開発した「富岳」は2020年、スパコンの計算速度などを競う世界ランキングで2期連続の王座に就いた。巨額の開発資金、そして大規模な設計チームの並み外れた頭脳と集中力が求められるスパコン・プロジェクトは、その国の経済力や科学技術力など国力を反映すると言われる（詳細は第1章）。

実際、過去四半世紀以上に及ぶ世界ランキングで首位に認定されたのは日本と米国、そして中国のスパコンだけ。しかも直近では日本の富岳が1位である。これを見る限り、日本の科学技術力は今なお健在で、世界でもトップクラスに位置していると見るのが妥当ではないか。確かに往年の勢いはないが、だからと言って今後も衰退の一途を辿ると決めつけることもできまい。

問題は競争力の低下に歯止めをかけ、再び上昇に転じさせるには、どうすればいいかということだ。単に人口が減少するという理由だけで、それができないと断じるのは早計に過ぎるだろう。

本書は富岳のようなスパコンの中核をなす「半導体」、そしてその活用対象として今、最も期待されている「AI（人工知能）」という2つの分野に焦点を当て、日本が再び科学技術立国として歩み出すための道を探る。

半導体は古くて新しい分野だ。

かつて1980年代、日本は「DRAM（Dynamic Random Access Memory）」と呼ばれる記憶用部品を中心に世界の半導体市場を席巻した。半導体は「産業の米」と言われ、この分野を完全に掌握した日本はソニー「ウォークマン」に代表される便利で洒落た電気製品を世界市場に出荷して巨額の貿易黒字を稼ぎ出した。当時、日本は「ハイテク・ジャパン」や「電子立国」などと世界から称賛された。

しかし、その後の日米半導体協定などを境に「日の丸」半導体、ひいては日本のエレクトロニクス産業は競争力を失っていった。その後、90年代のインターネット・ブームを境に、世界のハイテク産業を支配したのはGAFA（グーグル、アップル、フェイスブック、アマゾン）に代表される米国の巨大ＩＴ企業だった。

今、その彼らがあらためて半導体技術に力を注いでいる。折からのＡＩブームに乗って、「ディープラーニング」と呼ばれる機械学習を高速にこなすＡＩチップの自主開発に乗り出したのだ。その理由は、ＡＩを使った製品やサービスを生み出すソフトウェア開発競争が飽和し、今後はむしろ半導体のようなハードウェア技術がこの分野における競争力の源泉になると見られるからだ。

ここに日本の勝機が生まれようとしている。日本の半導体産業には底力があり、その卓越した設計能力は今なお健在だ。理研と富士通が自主開発し、富岳に搭載した超高速プロセッサ「Ａ64ＦＸ」はＡＩ処理も得意とする。これは世界的にも高い評価を受け、米国の主要スパコン・メーカー「ＨＰＥクレイ」も今後このプロセッサを自社製のマシンに搭載することを決めた。

Ａ64ＦＸには、80年代から日本のエレクトロニクス・メーカーが技を磨き、その後も脈々と受け継いできたベクトル型プロセッサ、あるいは「ＳＩＭＤ」と呼ばれる技術が活かされている。こうした日本の伝統的技術が今、ＡＩ時代に装いも新たに蘇ろうとしているのだ（詳細は第2章）。

それは単にスパコン開発に止まらない。ＡＩチップのような最近の半導体製品は「ＡＲＭ（アーム）」と呼ばれる標準アーキテクチャ（基本設計）に従って、スマホやタブレットなどモバイル端末からウェアラブル端末、あるいはデータセンターに設置されるクラウド・サーバーや今後の自動運転車などＩｏＴ（モノのインターネット）製品までさまざまな分野に用途を広げている。

富岳に搭載されたＡ64ＦＸもＡＲＭアーキテクチャに準拠しているため、今後スパコンで培われた最高レベルの技術をコンシューマー製品からサーバーなど企業向けまで広範囲のビジネスに応用していくことができる。ここに日本産業界の新たな可能性が拓かれようとしている。

このチャンスを日本が確実に摑み取るためには、技術開発の礎となる先端科学の研究者をしっかりサポートする体制が必要だ。世界最高の科学計算能力を誇る富岳は、本来そのために作られたようなものだ。それは早くも、宇宙シミュレーションやがんゲノム医療など基礎研究から、新型コロナウイルス（以下、コロナ）感染症対策に至るまでさまざまな領域で活用されている。富岳を使って、これら研究の最前線で活躍するトップ科学者たちの生の声は第3章で詳しくお伝えする。

他方、科学技術立国の再興をめざす日本が世界市場での存在感を取り戻すには、国内だけを見ていてはだめだ。目を世界に向ければ、今、米国と中国は21世紀のハイテク覇権をめぐって激しい争いを繰り広げている。

トランプ政権下で火がついた米中貿易戦争は、やがてＩＴやＡＩ、５Ｇなどハイテク分野へと波及しバイデン政権へと引き継がれた。ファーウェイ（華為技術）など進境著しい中国企業は、米国政府による部品・技術の輸出規制など一連の制裁によって、国際市場での成長が阻まれている。

もちろん中国企業が巻き込まれたトラブルを日本が歓迎するといった、さもしいことを主張するつもりは毛頭ない。しかし基本的に米国政府が主導権を握る米中ハイテク覇権争いが実は米国自身にもマイナスとなり、両国が次世代の技術開発で手間取る間に日本企業が世界市場で再び台頭するチャンスが生じている（詳細は第4章）。これは一つの事実として受け止めるべきだろう。

最後の第5章では、スパコンの次に来ると言われる夢の超高速マシン「量子コンピュータ」の現状を見ていこう。ここでも米中間の技術開発競争は熾烈を極め、両国を代表する巨大ＩＴ企業や主要大学などが互いに「量子超越性」と呼ばれるブレークスルーを達成した、と主張し合っている。従来のスパコンなら1万～数億年以上かかる計算を、彼らが開発した量子コンピュータはわずか２００秒でこなすという。

しかし仮にそうだとしても、それを可能にした重要技術の多くは、実は日本の研究者が生み出したものだ。この豊かな科学的資産を最大限に活用し、日本は21世紀を切り拓く量子コンピュータの開発でも世界をリードしていく決意としたたかさが求められている。

本書は富岳に象徴される日本の科学技術力を主なテーマとしているが、各章には開発現場の責任者や関係各界の研究者、専門家らに取材したインタビューも含まれている。これらは月刊『中央公論』に昨年から今年にかけて連載された「スパコン世界一『富岳』の正体」と題する記事を大幅に加筆・増強した内容だ。本書全体を通して、「科学技術立国」日本の復活を考えるヒントとしていただければ幸いだ。

２０２１年3月

著　者

目次

第3章　富岳をどう活用して成果を出すか

本文DTP／今井明子

「スパコン富岳」後の日本

科学技術立国は復活できるか

注・肩書き、為替レート、株価などの
情報は取材当時のものです。

第1章 富岳（Fugaku）世界No.1の衝撃

富岳がスパコン計算速度で世界一となった
2020年６月の記者会見（提供：理化学研究所）

２０２０年6月、スーパーコンピュータの計算速度などを競う世界ランキングで、日本を8年半振りの首位に導いた富岳。コロナ禍に沈む暗い世相の中で、久し振りの明るいニュースとなった。毎年2回発表されるランキングで、富岳は同年11月にも2期連続となる世界一に認定された。

スパコンはそれを開発した国の技術・経済力など「国力」を反映すると言われる。１９９３年に米独の研究者らが世界ランキングを発表し始めてから15年余りの間は、日本と米国のスパコンがほぼ交代で首位を占めてきた。しかし２０１０年以降は中国がそこに割り込み、近年は米中の二強体制となっていた。

今回、理研と富士通が共同開発した富岳によって、日本が逆にその二強体制に割って入った形だ。確かに米中両国は今、計算速度において「エクサ（10の18乗＝１００京）」級と呼ばれる次世代スパコンを開発中で、これら超高速マシンに富岳はいずれ追い抜かれるだろう。

しかし、この種のスピード競争は将来にわたって続き、さらにその先、日本のマシンが逆に米中を追い抜くことも十分考えられる。重要なのは一時の順位ではなく、日本が今でもスパコンに代表される世界的なハイテク開発競争の最前線にあると立証された点にある。それによって日本の技術者やビジネスパーソン、ひいては産業界全体が少なからず自信を取り戻せたことには大きな意味があるだろう。

富岳が持つ、もう一つの重要な意味はおそらく、これからの日本が厳しい国際社会の中で生き抜いていくために、何を頼りにすべきかをあらためて示したことにある。

かつて80年代の日本は便利で高品質のエレクトロニクス製品や、その部品となるＤＲＡＭなど半導体で世界市場を席巻し、欧米諸国との激しい貿易摩擦を引き起こす一方で、「ハイテク・ジャパン」「電子立国」などと世界から称賛された。

しかし80年代バブルの崩壊、そして90年代の世界的インターネット・ブームを経て、これら日本の基幹産業は徐々に存在感を失っていった。今世紀に入るとＧＡＦＡに代表される米国の巨大ＩＴ企業が世界に何十億人ものユーザーを抱え、産業界でも支配的な地位を占めるようになった。

一方、日本は深刻な少子高齢化と国内需要の低迷、巨額の累積債務などを前に、これら難局を打開する新たな成長産業をなかなか育成することができない。近年では唯一、希望の光と見られた観光業界のインバウンド需要もコロナ禍で蒸発し、日本の産業界には先行きの見えない深い霧が立ち込めていた。

そうした中でスパコン富岳が世界ナンバーワンに輝いたのである。それは日本が疲弊した経済を立て直し、新たな成長軌道に乗るためには、どれほど厳しい国際競争に身を置こうとも、結局は科学技術立国をめざすしかないこと、そしてそれがおそらく今も可能であることを示唆していた。

だが、そこには富岳の一つ前の国策スパコンとして、11年に同じく世界１位にランクされた「京」が微妙な影を落としている。

同じく理研と富士通が共同開発した京は、科学技術計算の基盤として研究者の間では活用が進んだものの、企業による利用は約100社に止まり、日本の産業競争力の強化につながったとは言いがたい。「富岳もその二の舞になるのではないか」という懸念は当然ある。

華々しいデビューを遂げた富岳には、本当に「ハイテク・ジャパン」や「電子立国」復活の期待を担うほどの実力があるのか。それを検証するため、以下では、その基本性能や技術的特徴、産業的な用途、さらには国際的評価なども含めて見ていくことにしよう。

日本勢のスパコンが世界タイトルを独占

富岳が他を寄せ付けない圧倒的性能を見せつけたのは、2020年6月に発表された第55回の世界スパコン・ランキングだ。これは世界各国が開発・稼働している多数のスパコンを、各種のベンチマーク・テストで計測した実測性能で順位付けしたもの。ベンチマークの種類に対応して全部で5部門からなり、年に2回順位が更新される。

これら最新のランキングは毎年、ドイツで6月、米国で11月に開催されるスパコン関連の国際会議で発表される（2020年はコロナの影響で両方ともオンライン開催となった）。

5部門の中でも、世界的に最も注目されるのは「TOP500」だ。これはスパコンの「基本的な計算速度」にもとづくランキングで、1993年に始まった最も由緒ある部門でもある。「LINPACK」と呼ばれるベンチマーク・テストでスパコンの計算速度が測定され、世界における上位５００のマシンが発表される。

ここで富岳は４１６ペタ・フロップス（ペタは10の15乗）を記録して第1位にランクされた。これは毎秒41・６京回（京は兆の1万倍）の浮動小数点演算を実行できる計算能力を意味する（浮動小数点演算とは、たとえば「物理・天文学」から「自動車の設計開発」まで科学技術の分野で広く使われる計算のこと）。

ちなみに第2位にランクされたスパコンは米オークリッジ国立研究所で使われている「サミット（Summit）」で、その速度は１４９ペタ・フロップス。つまり富岳は２位の約２・８倍となるスコアを記録して断トツ1位にランクされたことになる。

日本製スパコンが世界のＴＯＰ５００で1位になるのは、11年11月の第38回ランキングで首位に認定された京以来、８年半振りとなる。

富岳の快挙はこれに止まらない。単なる計算速度というよりも、産業界での活用など実用的なアプリケーション性能を競う「ＨＰＣＧ」と呼ばれる部門（ベンチマーク）でも、富岳は1万３４００テラ・フロップス（1テラは1兆）を記録し、同じく2位のサミットに約４・６倍の大差をつけて首位に立った。

さらに注目すべきは、19年11月に新設された「ＨＰＬ‐ＡＩ」と呼ばれる部門だ。これは産業的に将来性豊かなＡＩの分野における計算能力の指標となる。この部門で富岳は１・４２１エクサ・フロップスを記録し、世界で初めて次世代の「エクサ（１００京）」スケールに到達したスパコンとなった。ここでも同じく2位サミットの約2・6倍となる高スコアを叩き出した。

また、このAIと並び現代社会で重要な「ビッグデータ」の解析能力を測定する「Graph500」部門でも、富岳は7万980ギガ・テップス（TEPS：Traversed Edges Per Second、1ギガ・テップスは1秒間に10億回のグラフ探索を実行する演算能力）を記録し、2位にランクされた中国製スパコン「神威・太湖之光（Sunway TaihuLight）」に約3倍の大差をつけて世界1位になった。

以上のように富岳は全5部門のうち4部門で首位に認定されたが、これはスパコンの世界ランキング史上で初めてのことだ。

この時富岳が唯一タイトルを逃した部門は「Green500」と呼ばれる、スパコンの省電力性能に関するランキング。つまり、より少ない消費電力で、より高い計算能力を競う順位だ。

この部門で世界ナンバーワンに輝いたのは、日本のAI開発ベンチャー「Preferred Networks（PFN、東京都）」。GAFAに挑む気鋭の頭脳集団として、最近メディアでも盛んに取り上げられている日本産業界のホープだ（詳細は第2章末尾のインタビュー記事を参照）。

同社が開発したスパコン「MN-3」は、LINPACKで1ワット当たり21・1ギガ・フロップス（毎秒211億回の科学技術計算）を達成。2位につけた米エヌビディア（AI分野でよく使われる「GPU」と呼ばれる画像処理用プロセッサのメーカー。第2章で詳述）の「Selene」に僅差で競り勝った。

図１――スパコンの世界TOP500（上位10、2020年６月）

順位	設置場所	コンピュータ名	国	CPUのコア数	実測性能値（単位：PFlops）	ピーク性能（理論性能）に占める実測性能の比率	消費電力（単位：MW）	電力効率（GFlops/watts）
1	理化学研究所計算科学研究センター	富岳	日本	7,299,072	416	81	28.3	14.7
2	オークリッジ国立研究所	サミット（Summit）	米国	2,414,592	149	74	10.1	14.7
3	ローレンス・リバモア国立研究所	Sierra	米国	1,572,480	95	75	7.4	12.7
4	国家スパコン無錫センター	Sunway TaihuLight（神威・太湖之光）	中国	10,649,600	93	74	15.4	6.1
5	国家スパコン広州センター	Tianhe-2A（天河２号）	中国	4,981,760	61	61	18.5	3.3
6	Eni 社	HPC5	イタリア	669,760	35	69	2.3	15.7
7	エヌビディア	Selene	米国	277,760	28	80	1.3	20.5
8	テキサス先端コンピューティングセンター	Frontera	米国	448,448	24	61	—	—
9	CINECA 研究センター	Marconi-100	イタリア	347,776	22	74	1.5	14.7
10	スイス国立スーパーコンピューティングセンター	Piz Daint	スイス	387,872	21	78	2.4	8.9

出所：Top500.org の JUNE2020 より

つまり世界ランキングの全5部門を日本勢のスパコンが制覇したのである。同一国のスパコンが全部門で1位を独占するのも、また史上初の出来事である。

それから約5ヵ月後の2020年11月に発表された最新の世界ランキングでも、富岳は2期連続となる4冠を獲得した。中でも基本的な計算速度を競うTOP500では442ペタ・フロップスを記録し、6月に自ら出した世界記録416ペタ・フロップスを更新した。最新の世界記録は、2位にランクされた米サミット（149ペタ・フロップス）の約3倍に当たるスピードだ。

また前回と同じく「HPCG」、「HPL-AI」、そして「Graph500」でも、富岳は各々2位に3~5倍もの大差をつけて1位となった。

前回6月の成績は、富岳が理研の計算科学研究センターに納入されたばかりとあって、稼働するノード（CPU＝中央演算処理装置）数などが不十分な形でのベンチマーク・テスト結果だった。これに対し、11月の富岳はフルスペック（432筐体、15万8976ノード）でテストに臨むことができた。結果、持ち前の力を存分に発揮して、2位に前回以上の大差をつけることにつながった。

一方、省エネ性能を競うGreen500では、前回トップのPFNのMN-3が今回は米エヌビディアの「DGX SuperPOD」に敗れたものの僅差の2位につけた。つまり日本勢のスパコンは全5部門のうち4部門を制覇し、残り1部門も上位にランクされるなど前回同様の強さを示す結果となった。

そもそもスパコンとは何か

ここまで富岳やMN－3など日本製スパコンの卓越した性能を紹介してきたが、業界関係者ではない我々一般人から見れば「テラ」や「ペタ」さらには「エクサ」などで示されるエキゾチックな性能値を列挙されても、それら桁外れの数字が具体的に何を意味するのかピンとこないかもしれない。

そこで以下、若干の紙幅を割いて、そもそもスパコンとは何か、それが私たちの社会や暮らし、ビジネスなどにどんな役割を果たしているかを見ていきたい。それによって、そうしたスパコンの頂点に立つ富岳の持つ意味も自然と腑に落ちるはずだ。

一般にスーパーコンピュータとは「同時代の（他の）コンピュータに比べて桁違いに高い性能（主に演算速度）を有する計算機」と捉えられている。つまりスパコンを定義する絶対的な基準があるわけではなく、あくまで同時代のコンピュータと比較することによって認められる相対的な存在である。

この点に関連して、よく「私たちが今、使っているパソコンやスマホは10～20年前のスパコンと同程度の性能だ」と言われる。逆に言えば、過去にスパコンと呼ばれた計算機も現代ではそう呼ばれるに値しないことを意味しているわけで、まさにスパコンとは時代に応じて決められる相対的な定義であることをよく示している。

もう一点、別の見方を付け加えておくと、スパコンとは各種ビジネスで使われる事務処理用の計算機というより、むしろ科学技術計算を主な目的に開発された高速コンピュータを指している。スパコンの計算速度を示す「フロップス（FLOPS：Floating Operations Per Second）」は「1秒間に実行される浮動小数点演算の回数」を意味するが、この「浮動小数点演算」とはコンピュータの内部で幅広い桁数の数値をコンパクトに処理するための方式だ。

この種の演算は桁外れに大きな数字を扱う天文学から、桁外れに小さい数字を扱う原子核・素粒子物理学まで、自然科学の分野で頻繁に使われる計算であることからも、スパコンがもっぱら科学技術用の計算機であることがうかがえる。

歴史的に見て世界最初のスパコンには諸説あるようだが、その一つは1960年に米ローレンス・リバモア国立研究所に納入された米レミントンランド社製の高速計算機「LARC」と見られている。これは核兵器を開発するための流体力学的シミュレーションに用いられた。

ただ「スーパーコンピュータ」という言葉が新聞やテレビなどで盛んに報じられ、一般の人たちにもよく知られるようになってきたのは、70年代に登場した米クレイ・リサーチ社（現在は米HPE傘下）のマシンからであろう。

72年、米国の天才的なコンピュータ設計者、シーモア・クレイ氏がミネアポリスに設立したこの会社（現在の本社はシアトル）は同時代のコンピュータを寄せ付けない計算速度を誇り、当時「クレイ」はスパコンの代名詞ともなった。

このクレイに代表される初期のスパコンは、主に「核実験のシミュレーション」や「暗号解読」など軍事・安全保障、あるいは「原子核物理」や「計算化学」など学術研究に導入されたが、やがて「石油探査」や「航空機の空力設計」「ビル・橋梁の構造設計」など産業界でも盛んに使われるようになった。

80～90年代にかけては、ＮＥＣや日立、富士通など日本製のスパコンが世界をリードした。ちなみに93年の第2回ＴＯＰ５００で、首位にランクされたのは富士通の「数値風洞」である。その後も日本勢のマシンは米国勢と激しい競争を繰り広げたが、２０１０年からは中国製スパコンが世界トップを争うようになってきた。

今やスパコンは科学・産業界では欠かせない存在となっているが、日頃、私たちの暮らしの中でスパコンを最も身近に感じられるのは「気象予測」、平たく言えば「天気予報」だろう。

そのベースとなるのは大気の状態を表す各種データだ。大気の状態は、気温、気圧、湿度、風速、風向などのデータ（数値）として観測することができ、これらの数値は、流体力学などの物理法則にもとづいて時間とともに変化していく。従って観測したデータを、物理法則を表す数式に入れて計算すれば、未来の大気の状態を予測できるはずだ。この考えにもとづいてコンピュータで計算を行い、今後の気象を予測するのが天気予報だ。

１９５０年代、米国やスウェーデンなどでは大型コンピュータが気象予測に導入され、日本でも59年に「ＩＢＭ７０４」という（当時の）高速計算機による天気予報が始まった。これら当初の予報はほとんど当たらなかったと伝えられているが、それでも大型計算機を使った気象予測は継続された。

やがてスパコンが導入されて使われるようになると、天気予報の精度はどんどん上がっていき、今や私たちの日常生活に欠かせないものとなった。もちろん現在のスパコンを使っても、たとえば「台風の進路予想」などは時々外れて肩すかしを食らうこともあるが、それでも天気予報はスパコンが私たちの暮らしに持つ意味を理解する上で格好の事例となっている。

この天気予報に見られるように、ある種の自然法則（数式）にもとづくモデルを設定し、そこに各種のデータを入れて計算することで未来の動きを予測する行為は、一般に「シミュレーション（模擬実験）」と呼ばれる。そしてスパコンの最大の用途が、このシミュレーションである。

シミュレーションは現代科学において、「理論」「実験」と並ぶ第3の柱（研究手段）となっている。

それはなぜか？　本来、科学者らが考案した理論を証明するためには実験が必要だが、現実世界ではさまざまな理由から実験が不可能なケースがあるからだ。

たとえば天文学であれば、「星の生成」や「銀河の衝突」などの現象は時空のスケールがあまりにも大きすぎて、本物の実験を行って確かめることはできない。

あるいは製品開発の場合であれば、航空機の設計やトラブル対策などがあるだろう。大型旅客機を開発する際には高度な空力設計が求められるが、そのために必要な風洞実験などは巨額の費用がかかる。また飛行中、ジェットエンジンに鳥など障害物が入るとトラブルや重大事故を引き起こす恐れがあるが、これを本物の飛行機で実験することは危険すぎて無理だ。

このようにきわめて巨大、複雑、危険あるいはお金のかかる現象に対し、実験に代わってシミュレーションが主たる役割を果たすようになってきている。

それは昨今の産業界で特に顕著だ。

製薬メーカーの間では、病気の原因となる異常タンパク質に結合して、その働きを抑える化学物質、つまり薬剤候補の振る舞いを知るためにシミュレーションを用いるケースが増えている。

自動車メーカーもまた、ドライバーや同乗者を事故から守るため、お金のかかる衝突実験の代わりにシミュレーションを多用し、車体の安全性を確保する構造設計を実現している。

これらのシミュレーションを行うには、大規模な計算を超高速で実行する必要がある。このような計算は、コンピュータ・ＩＴ専門家の間で「ＨＰＣ（High Performance Computing：高性能計算）」と呼ばれる。

ＨＰＣは「集中的な計算」あるいは「データ集約的な計算」とも呼ばれ、「ビッグデータ時代」とも言われる現代の科学・産業界では、この種の計算を必要とする難問が次々と持ち上がっている。現代社会において、ＨＰＣは驚くほど広範囲で多様な産業領域をカバーしているのだ。

これら大規模かつ集中的な計算を行うために、前述の「テラ（1兆）」や「ペタ（１０００兆）」、いずれは「エクサ（１００京）」など桁外れの演算能力が求められており、それを実行できる計算機こそスーパーコンピュータだ。そして、現時点でそのトップにランクされているのが日本の富岳なのだ。

京への反省から生まれた富岳

現在、世界で稼働している数多のスパコンの頂点に立つ富岳は、日本のいわゆる国策プロジェクトの結果として生まれた。国策という言葉は近年、「国策捜査」などあまり良い意味では使われないが、ここでは字義通り「国が決定する政策」と理解しておこう。あるいは国家プロジェクトと呼んでもいいだろう。

要するに巨額の国家予算を投入した分、それに見合うだけの成果、つまり我が国の科学・産業振興に広く貢献することが求められている。これが富岳に課せられたミッションだ。

この富岳には、その一つ前の国策スパコンとして、同じく理研・富士通によって開発された京が複雑な影を落としている。

2009年、当時の民主党政権下で進められた事業仕分けの過程で、開発途上にあった京が槍玉に挙げられた。総額1100億円以上もの予算を使って、世界一の計算速度をめざす京の開発計画に対し、蓮舫参議院議員が「2位じゃダメなんですか?」と質したのだ。置かれた立場に応じてさまざまな見方もあろうが、少なくとも「スパコン」や「(原子核・素粒子)加速器」のような巨大科学の必要性をあらためて問い直す、本質的な問題提起だったことは間違いない。

これを受けて京の開発計画はいったん凍結されるかに見えたが、日本の歴代ノーベル賞受賞者らが緊急記者会見を開いて懸念を表明するなど、科学界を中心に猛反発が巻き起こった。世論も科学者側に傾いたと見た当時の鳩山内閣は事実上の予算復活を認め、京の開発プロジェクトは続行した。

まだ完成前ではあったが、基本性能の測定が行われた京は（目標とする毎秒１京回の浮動小数点演算に若干足りない）８１６２兆フロップスの計算速度を記録し、スパコンのＴＯＰ５００で11年６月と11月の２期連続で１位に輝いた（後に本来の目標である毎秒１京回の計算速度も達成している）。そして翌12年には完成し、神戸市にある理研・計算機科学センターで稼働を開始した。

しかし実際に運用が開始されて以降の京は「高性能だが使いにくい」という評判に悩まされた。これは当時、非主流の「ＳＰＡＲＣ（スパーク）」と呼ばれるアーキテクチャ（基本設計）を採用していたため、産業界で幅広く使われている一般的なアプリケーション・プログラムが京の上では使えなかったことなどが一因となっている。

このため京の運用開始当初は産業利用枠が５％程度に止まり、その後もあまり伸びなかった。19年８月、京は７年間の運用を終えたが、このマシンを利用した企業の総数は最終的に１００社程度、また京から派生した富士通製スパコンの販売台数も数十システムに止まったと見られている。

以上の点から見て、京は大学の研究者らの間では科学技術計算の基盤として十分に活用されたが、本来、国策プロジェクトに課せられた「日本の産業を振興する」という目的は十分に果たせなかったようだ。

富岳は、こうした京に対する反省から生まれた。「ポスト京（後の富岳）」の開発プロジェクトが正式にスタートしたのは14年4月だが、以来、単なる計算速度よりも「使いやすさ」や「実用性」を重視した設計開発が進められたのだ。

それが最もよく表れているのは、富岳のアーキテクチャとして（かつて京が採用した）非主流派のSPARCに代わって主流派の「ARM」を採用したことだ。

本来「アーキテクチャ（構造）」とは建築学の専門用語だが、ここで言うアーキテクチャとはコンピュータの「命令セット・アーキテクチャ」のことで、「ハードウェアとソフトウェアのインタフェース（境界線）」を規定する部分だ。

と言われても一般の読者にはピンと来ないと思うが、ざっくり言えばアーキテクチャとは「あるコンピュータ（この場合、スパコン）の基本的な性格を形作る設計思想」あるいは「設計様式」と言うことができるだろう（詳細は第2章）。

パソコンやスマホなども含め、コンピュータ業界でよく採用されるアーキテクチャには何種類かあるが、おそらく最もよく知られているのは「x86」だろう。これは私たちが普段使っているウィンドウズPCに搭載されている、インテルやAMD（Advanced Micro Devices）製のCPUのアーキテクチャだ。ちょっと驚かれるかもしれないが、従来パソコン用のアーキテクチャと見られたｘ86は、やがてスパコンのような超高速の大型計算機にも採用されるようになった。

一方、ＳＰＡＲＣは今から30年以上前に日の出の勢いだった米国のコンピュータ・メーカー、サン・マイクロシステムズが１９８５年に発表したアーキテクチャだ（同社はその後、米オラクルに買収されて独立企業としては消滅した）。

ＳＰＡＲＣは今なおコンピュータ技術者のような玄人筋の間では高い評価を受けているが、一般ユーザーにとって使えるアプリケーションの数が少ないので、最近のＩＴ業界では非主流派と目されている。

これに対しＡＲＭは英ＡＲＭホールディングスが90年代から提供してきたアーキテクチャで、今世紀に入ると徐々に勢力を広げて、今やスマートフォンやタブレットなどモバイル端末で事実上の業界標準となっている。また最近では、アマゾンがクラウド・サーバー用のアーキテクチャとしてＡＲＭを採用するなど、より大型で高性能のコンピュータにも市場を拡大しつつある。

このＡＲＭとｘ86は、現在のＩＴ業界で主流アーキテクチャの座をめぐり鍔迫り合いを演じているが、最近はスマホのようなモバイル端末の普及に伴い「省電力性」を売りにするＡＲＭのほうが勢いを増している。このためＡＲＭで使えるアプリケーションの数はどんどん増えている。

理研・富士通の共同チームが、富岳のアーキテクチャをＡＲＭに決めた理由はまさにここにある。最近のＩＴ業界で主流化しているＡＲＭを採用すれば、マシンの消費電力を抑えると共に、「スパコンの上でも『パワーポイント』のように身近なアプリが使えるようになる」（富岳の開発責任者である理化学研究所・計算科学研究センターの松岡聡センター長、詳細は本章末尾のインタビュー記事を参照)。つまりユーザーにとって、スパコンの用途が広がり使い勝手が高まるのだ。

スパコンの「世代交代」とは

一方、性能面、特に純粋な計算速度から評価した富岳は、世界のトップ・スパコンが世代交代する端境期に生まれた超高速マシンと見ることができる。ただ、こうした言い方は、理研や富士通をはじめ富岳の関係者には気に障る表現であろう。これはスパコン業界ならではの、歴史的なこだわりがあるからだ。

前述のように、スパコンの計算速度は伝統的に「LINPACK」と呼ばれるベンチマーク・テストで測定され、それにもとづく世界的順位は「TOP500」と呼ばれるリストで発表される。

このリストからスパコンの歴史を振り返ると、おおむね10年毎に計算速度が1000倍に増加してきた。たとえば1997年にはテラ（1兆）フロップス級の計算速度を記録するスパコンが開発され、それから約10年後となる2008年にはペタ（1000兆）級のスパコンが登場した（ちなみに、いずれも米国製マシンだ）。

このように速度単位が切り替わる「1000倍のスピードアップ」をもって、世界の（トップクラスの）スパコンは世代交代を遂げたと見なされている。

もちろん、その間の10年も世界のスパコンの計算速度は徐々に上昇していったが、この業界の関係者の間では「10年に1度の世代交代を成し遂げたスパコンこそ、歴史に名を残す偉大なマシンだ」という一種のこだわりがあるようだ。

そして今、世界のトップ・スパコンは「ペタ」から「エクサ（1000ペタ）」への世代交代を迎えようとしている。早ければ2021〜22年頃の完成をめざして、米国や中国が現在開発を進めている次世代スパコンは、（どちらが先に完成するかはわからないが）世界で初めてエクサ・フロップスの壁を突破すると見られている。

これに対し富岳の計算速度（20年11月に発表された実測値）は、442ペタ・フロップスと「エクサ」には達していない（前述のHPL-AI部門におけるエクサ達成は「半精度演算」と呼ばれる特殊なケースなので、残念ながらTOP500のようなスピード競争の記録には含まれない）。またスパコンに搭載されるCPUの総数やその動作周波数などから理論的に算出される「ピーク性能」でも、富岳はエクサ・スケールに届かないことが確定している。

これについて理研の松岡センター長をはじめ富岳の関係者は「今時、単なる計算速度にこだわることは、実用的な観点からはナンセンス」と見ている。

しかし、こうした「スパコンのスピード競争」を、ある種の国際ゲームのような感覚で捉えるならば、ペタからエクサへの世代交代はそれなりの意味がある。ちょうど、4年に1度のオリンピックやパラリンピックにおける獲得メダル数を各国が競い、自慢し合うのと同じような感覚だ。

特に米中両国は今、ＡＩやバイオなど先端技術の分野で激しい開発競争を繰り広げており、それらの科学研究を支えるコンピューティング基盤として、スパコンの計算速度は象徴的な意味を持つ。つまり（ＴＯＰ５００で）エクサ・スケールの壁を世界で初めて突破したスパコンを開発した国が、来る世界のハイテク覇権を握るというわけだ。

富岳の国際的な評価

とはいえ、「エクサの壁」にどれほど本質的な意味があるのかは、現時点で誰にもわからない。少なくとも過去10年間における歴代1位のスパコンの性能を比較すると、中国の神威・太湖之光や米国のサミットなどから、日本の富岳になると計算速度が一気に跳ね上がっているのが見て取れる（図2）。たとえエクサ・スケールには届かなかったとしても、ここまで隔絶したスピードアップを達成したことは、富岳（の関係者）が成し遂げた偉業と言うこともできるだろう。

また神威・太湖之光やサミットなどは、現在も中国あるいは米国におけるトップ・マシンとして活躍しており、これら世界の現役スパコンの中でも富岳は突出した性能を有していることがわかる。

この富岳を筆頭に現代のスパコンはいずれも、いわゆる「マルチ・コア、マルチ・プロセッサ方式」を採用している。かつて20世紀までのスパコンは「ベクトル型」と呼ばれる「カスタムメイドの高級品」のような特別の存在だったが、やがてこうした特注品的な高級スパコンでは商業

図2――歴代１位にランクされたスパコンの計算速度の推移

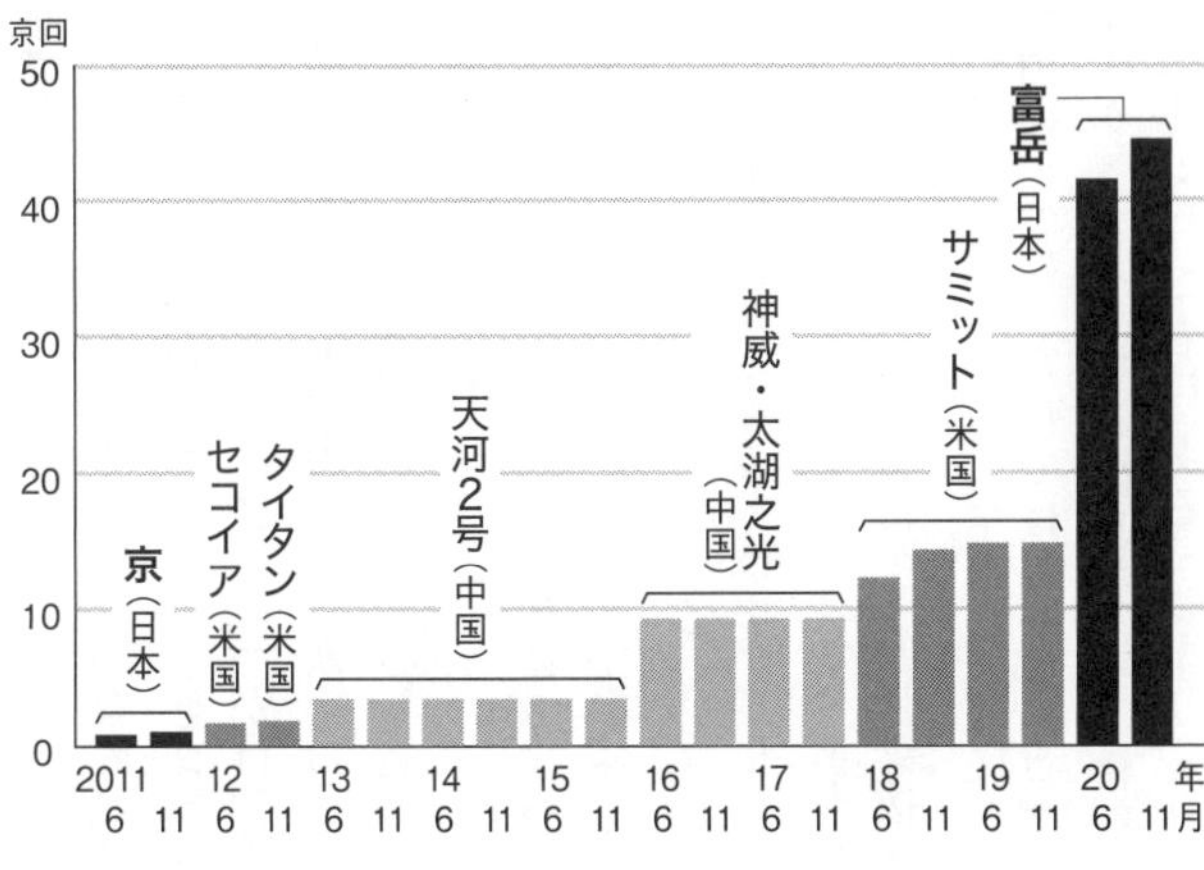

的にペイしないことがわかってきた。
そこで今世紀に入ると、インテル製ＣＰＵなど市販のマイクロプロセッサを何個も並列に接続して高速計算機に仕立て上げる方式が目立って増えてきた。そのほうが全体の開発コストを安く抑えることができるからだ。さらに市販プロセッサ自体も、「コア」と呼ばれる演算ユニットを多数内蔵して、高速化を図るようになってきた。
これが「マルチ・コア、マルチ・プロセッサ方式」のスパコンで、現在の主流となっている。
富岳も基本的には、こうした方式のスパコンだが、このマシンは市販プロセッサではなく、理研と富士通が共同開発した超高速プロセッサ（半導体チップ）Ａ64ＦＸを搭載している。これは前述のＡＲＭアーキテクチャに従う汎用ＣＰＵであると同時に、かつてのベクトル演算もできるカスタム・プロセッサでもある。そこには約87億個ものトランジスタが集積されている。

このプロセッサに対する国際的な評価はきわめて高く、米国の半導体関係者の間では「文句なしに驚嘆すべき仕事（absolutely marvelous job）」と絶賛する声も聞かれるほどだ。実際、伝説的なスパコン・メーカー「クレイ」が自社の次期スパコン開発にA64FXの採用を決めたことからも、その並み外れた実力がうかがえる。

これについて理研の松岡センター長は「日本の半導体産業が復活する狼煙となるのではないか」と見る。

1980年代に日本の半導体産業はDRAMなどメモリLSI（記憶用半導体）を中心に世界市場を席巻したが、やがて日米半導体協定などを境に力を落としていった。A64FXのようなプロセッサはメモリではなくロジックLSI（論理用半導体）に分類されるが、いずれにせよ、かつての日本の優れた半導体技術が富岳を契機に蘇るのではないか、というのだ。

一方、TOP500のランキング責任者である米テネシー大学・計算機科学科のジャック・ドンガラ特別栄誉教授も富岳を「お世辞抜きに凄いマシン」と称賛する（詳細は第2章末尾のインタビュー記事を参照）。

理由の一つは、富岳では製品カタログに書かれているような「ピーク性能（理論値）」とベンチマーク・テストで計測した「実測性能（実測値）」のギャップが米中のトップ・スパコンなどに比べて小さいことにある。つまり「看板に偽りなし」という意味だ。

しかし、それ以上に高く評価するのは、富岳の計算スピードが単に速いというよりも、むしろそれが「非常に使いやすく実用的なマシンである」ということだ。

具体的には、米中のトップ・スパコンがその性能をフルに引き出すためには特殊なプログラミングを必要とするのに対し、富岳の場合はプログラマーが特にそのような苦労をしなくても自然に本来の性能を引き出せる点を指している。

その主な理由として、米中のスパコンが「ＧＰＵ（グラフィクス・プロセッシング・ユニット）」のような加速部を搭載することでマシンのスピードアップを図っているのに対し、富岳ではＡ64ＦＸという汎用ＣＰＵだけで全体を統一した点を挙げている。このようにシンプルな構造のほうが、プログラミングなどスパコンの使い方が容易になるのだという。

富岳の正体は「世界最大のＡＩ基盤」

一方、今後の可能性という点で最も注目されるのがＨＰＬ－ＡＩ部門での成績だ。

同部門は、これまで倍精度演算（64ビット演算）の能力を測定してきたＴＯＰ５００やＨＰＣＧとは異なり、ＡＩ処理で頻繁に活用される半精度演算（16ビット演算）の能力を評価するため２０１９年に新設された。

このＨＰＬ－ＡＩで富岳は１・４２１エクサ・フロップスを記録し、２位サミットが記録した５５０ペタ・フロップスの２・５８倍となる大差をつけて１位に認定された。

こうした高いＡＩ処理能力を誇る富岳を、理研の松岡センター長は「世界最大のＡＩ基盤」と位置付け、「（富岳を駆使すれば、日本は）ＧＡＦＡに対抗し、追い越すことも可能」と見る。

近年の世界的ＡＩブームで、日本はＡＩビジネス用のクラウド基盤などの点において、ＧＡＦＡをはじめ米国の巨大ＩＴ企業の後塵を拝してきたことは否めない。しかし、ここに富岳を投入すれば日本が逆転することも夢ではないというのだ。

ただ、ＧＡＦＡは世界に数十億人のユーザーを抱え、確固たるプラットフォームとビジネスモデルのもとに、４社全体の時価総額が５兆ドル（５００兆円以上）にも及ぶ桁外れの巨大企業群だ。いかに富岳のＡＩ処理能力がずば抜けているとはいえ、それだけで日本の産業界がＧＡＦＡに対抗できると考えるのは若干無理があるようにも思える。

しかし松岡センター長によれば、最近のＡＩの研究開発やビジネスにおいて、スパコンのようなＨＰＣ用のコンピューティング基盤はひときわ重要性を増しており、これが今後、世界のＩＴ産業で勝敗を左右する競争力の源になるのは間違いないという（詳細は本章末尾のインタビュー記事を参照）。

また富岳の一つ前の世界最速スパコン、サミットを開発した米ＩＢＭリサーチのジョン・ケリー研究所長（当時）も「現代のスパコンとは『ビッグデータとＡＩ処理用の超高速マシン』と言い換えることができる。そこにこそ未来があるのだ」と語る。

実際、高性能のスパコンは最先端のＡＩであるディープラーニング（深層学習）において、今や不可欠の存在となっている。

ディープラーニングは、ごくラフな形ではあるが人間の脳を模倣したとされるＡＩだ。それは早くも１９５０年代に米国を中心に開発が始まっており、当時は「ニューラルネット」と呼ばれた。この種のＡＩは今世紀に入ると「ディープ・ニューラルネット」あるいは「ディープラーニング」と呼ばれることが多くなり、コンピュータやスマホなどＩＴ端末が画像や音声を認識する「パターン認識」で人間を凌ぐほどの能力を持つようになった。

また最近では「自然言語処理」にもよく使われている。これはＩＴ端末が言葉の意味を理解し、それによって外国語を翻訳したり、私たち人間と会話をしたりするなどの技術だ。

たとえば米国の著名な起業家イーロン・マスク氏らが設立した「オープンＡＩ」という研究機関は、20年に「ＧＰＴ－３」という自然言語処理システムをリリースした。これはディープラーニングを使って、人間並みの文章を出力することで知られる。

ＧＰＴ－３はネット掲示板上で自殺をほのめかす人の悩み相談にも適切に対応するなどして世界的に注目されたが、ここまでのレベルに達するにはあらかじめ人間が書いた文章を大量に読み込んで学習しておく必要がある。

これは一般に機械学習と呼ばれるが、このプロセスにスパコンが導入されている。スパコンを使って何ヵ月間にもわたり膨大な文章を解析することで、ＧＰＴ－３のようなディープラーニングは高度な言語能力を養うことができるのだ。

ＧＡＦＡやマイクロソフト、ＩＢＭなど巨大ＩＴ企業はいずれも高性能のスパコンを駆使して、こうしたディープラーニング技術を開発し、それに磨きをかけている。

ＡＩ開発の最前線はソフトからハードへ

ディープラーニングの開発でスパコンが大きな役割を担い始めたことは、日本にとって非常に有利な展開である。それはＡＩ開発の分野で今、スパコンやそこに搭載される半導体チップなどハードウェアの重要性が高まっていることを意味するからだ。

ここ数年の世界的なＡＩブームの中で、日本のＡＩ研究や技術開発などのレベルは諸外国に遅れをとっていると批判され続けた。実際、ＡＩ関連の論文発表数や引用数など主だった指標で、日本は米中などＡＩ先進国にははるかに及ばない。

しかし、それは従来ＡＩ分野の中心であったソフトウェア開発について指摘されたことだ。現在のＡＩ産業では、むしろソフトからハードへと関心の対象が広がりつつある。そして、このハード開発こそ、日本が伝統的に得意としてきた分野だ。

具体的に見てみよう。たとえばグーグルやアマゾンなどは最近、自らのクラウド事業をレベルアップするＡＩ処理用の独自プロセッサ開発に励んでいる（詳細は第2章）。

ちなみにプロセッサとは、汎用の情報処理に使われるＣＰＵ、あるいはゲーム機などの画像処理に使われるＧＰＵなどさまざまな半導体チップの総称だ。プロセッサ、ＣＰＵ、半導体、あるいはチップなどという言葉は文脈に応じて、ない交ぜに使われるので紛らわしいかもしれないが、ご容赦いただきたい。

これに関して、アップルもまた創業以来の主力製品であるパソコン「マッキントッシュ（Ｍａｃ）」に搭載されるプロセッサを、従来のインテル製から自主開発する「Ｍシリーズ」と呼ばれるチップへと完全に切り替える方針で、２０２０年11月にはその手始めとなる「Ｍ１」チップを搭載したＭａｃを発売した。

このＭ１では「ニューラル・エンジン」と呼ばれる独自技術によって、端末の省電力性能を高めると同時に、機械学習やグラフィクス、セキュリティなどの機能も強化するという。またアイフォーンでは、既に以前から自主開発したカスタム・チップ「Ａシリーズ」を搭載している。

これについてアップルのＣＥＯ（最高経営責任者）、ティム・クック氏は「我々の前方には驚くべき新製品の数々が待ち構えており、これらに生命を吹き込むためには（Ｍ／Ａシリーズのような）カスタム半導体に移行することが必須条件だ」と述べている。

グーグルやアマゾン、アップルなど米国の巨大ＩＴ企業がカスタム・チップの自主開発に乗り出したのは、現在のビッグデータ・ＡＩを中心とするＩＴビジネスが従来のソフトウェア開発だけでは追い着かなくなってきたからだ。

ディープラーニングのように大規模で複雑なソフトを円滑に稼働させて成果を出すには、各社が独自開発するＡＩ専用の高速チップが不可欠になってきた。これこそがライバル企業を出し抜いて、ITビジネスで成功する最大の差異化要素となってきたのだ。

ここに日本の活路が生まれようとしている。

02年に世界ナンバーワンとなったNECの「地球シミュレータ」や11年の京に代表されるように、日本には世界最速のスパコンやCPUを実現してきたハードウェア開発の長い歴史がある。そのベースとなっているのは、80年代に日本のエレクトロニクス産業を支えた高度な半導体技術だ。これら日本のレガシーとも言える高度技術に培われて、今の富岳が生まれたのだ。

こうしたスパコン開発が今、ビッグデータとAI処理の方向に大きく舵を切ろうとしている。その一方で、GAFAのような世界的IT企業は従来のソフト中心の開発体制からAIチップのようなハードウェアにまで事業を拡大しつつある。両者の流れが合流する中で、日本は図らずもAI開発のフロントランナーとして世界の舞台に躍り出たと見ることができる。

続いて富岳開発のリアルをお伝えする現場インタビューを挟み、第2章ではGAFAが自主開発するAIチップなど半導体産業の現状と歴史を掘り下げ、そこから富岳を契機に電子立国ジャパンの復活へと至る道筋を探る。

interview

富岳のＡＩ処理能力で、ＧＡＦＡも追い越せる

松岡（まつおか）　聡（さとし）（理化学研究所・計算科学研究センター　センター長）

――富岳は京がインストールされる前の２０１０年から開発の準備が始まりましたが、なぜそんなに早い時期から始める必要があるのでしょうか。

一般にスパコンは基礎研究から実際にプロダクトになるまで時間がかかります。特に京から富岳の時代に入ると、半導体進化に関する、いわゆる「ムーアの法則」（集積率が18ヵ月で2倍になる）の終焉が見え始めていて、ＣＰＵ設計などが京などと比較してきつくなることが当初から予想されました。そのような大きなチャレンジになると予想されたので、最初から十分な時間をかけ、綿密に計画を立てて進める必要がありました。

――理研と富士通の間で、その仕様決めや開発について、どのような役割分担がなされましたか。

理研は主に富岳の開発目標となるアプリケーションを分析したり、マシン全体の仕様を決める

など、包括的な枠組みを提示しました。一方、ＣＰＵの詳細な内部設計などは、この分野で長い経験と技術を蓄えた富士通の担当でした。

また非常に細かい部分で技術的なオプションが山ほどあるので、「この技術を採用すればこうなる」というのを富士通やアドバイザー委員会などと徹底的に議論しました。その過程で少なくとも3、4回、ＣＰＵの設計が変更されたり、新たな要素が追加されたりしています。

スパコン開発とは「トレードオフ」

——約10年にも及ぶ開発期間中に何度か技術的な危機があったと聞きますが、具体的にはどうだったのでしょうか。

スパコンの開発とは結局、あらゆる要素のトレードオフで決まります。大きなマシンにして馬力を上げようとすれば、電力やコストがオーバーしてしまう。京と富岳では似ている部分も多いのですが、違うところもある。一番違うことの一つは電力効率で、汎用ＣＰＵスパコンとして、京は同時代の他機種と比較しあまり変わらなかったのですが、富岳は数倍電力効率が良いのです。その実現は富岳の性能とコストの要求を同時に満たすには必須だったのですが、大変大きな苦労を伴いました。たとえば、富士通ＦＸ１００（京の商用版FX10の後継機）が２０１４年暮れに発表された時、その電力効率のデータで富岳において必要な性能を満たそうとすると、京と比較して7倍も大きな電力を消費してしまうことが判明しました。つまり、１００メガ・ワット級のデータセンターが必要になってしまうのです。
富岳の設計はＦＸ１００がベースラインだったので、我々は驚愕し、「これじゃ少々の向上では目標達成は無理だろう」と。でも、なんとかしなきゃいけない。富士通に「ここところがダメなんだよね」と相談すると、彼らも省電力を研究しているので「こういう手を使えばいいんじゃないか」と。それに我々もまた自らの研究からの意見を述べ、そこからいろんな方策を試して、富岳では電力効率の点では目標値を超えるものができ、その時点で世界トップとなりました。
それ以外でも目いっぱい性能を出そうとリスクの高い開発をしているので、実際に作ってみないとわからないことがいっぱいあります。エンジニアにもいろいろ意見があって「やっぱり、それはできないよね」という人もいれば、「これはなんとかなる」という人もいて侃々諤々になります。これらの危機や紆余曲折を経て、最終的にできたのが富岳というマシンです。

――富岳用に開発されたＣＰＵのＡ64ＦＸは米国のスパコン・メーカーＨＰＥクレイにも採用されました。日本製ＣＰＵが初めて世界的に認められた快挙ではないでしょうか。

確かに日本が高性能の汎用ＣＰＵを作って、それが米国に売れたというのはこれが初めてでしょう。米国にはそういうＣＰＵを作っている会社が山ほどあるから、米国のスパコン・メーカーはよほど強いモチベーションがないと、わざわざ日本製を買わないはずです。

――ＤＲＡＭなどメモリ用の半導体技術では、日本は１９８０年代に世界市場を席巻しました。その後、日米半導体協定などを経てわが国の半導体産業は衰退しましたが、80年代までの日本の

優れた半導体技術は一種のレガシーとして、Ａ64ＦＸを開発する際に活かされたと思いますか。

なかなか難しい質問ですね。そもそも日本の半導体産業は完全に衰退したわけではありません。たとえば光センサーはソニーが圧倒的トップですし、フラッシュメモリなどでも日本メーカーは健闘しています。

ただ、最先端かつ汎用の「ファブ（半導体の製造工場）」は確かに日本にはありません。世界を見渡しても、それを持っているのは、台湾のＴＳＭＣ（台湾積体電路製造）と米国のインテル、そして韓国のサムスンぐらいしかない。

結局、90年代以降の日本勢が躓いたのは、ＴＳＭＣのように最先端汎用ファブを自分のビジネスとして立ち上げられなかったことでしょう。では逆に「ファブレス（半導体の設計に徹したメーカー）」として成功したかと言えば、これもうまくいっていない。

そうした中、ファブレスとはいえ、スパコンのように重要なマーケットで米国製のＣＰＵを圧倒的に打ち負かしたのは、今回が初めてでしょう。そこにはおそらく、富士通の脈々とした半導体関連の技術力が活かされていると思います。

富岳があればＧＡＦＡに勝てる

——以前、理研が開催した富岳の記者勉強会で一番興味深かったのが、ＡＩに関するお話です。富岳は今回、ＡＩ用のベンチマーク・テストＨＰＬ-ＡＩでも断トツの首位でした。松岡さんは

「これまで日本はAI分野で劣勢だったが、世界最大規模のAI基盤・富岳の登場によって、今後はGAFAに対抗し、追い越すことも可能」という強気の発言をされていましたね。

それは確かにシナリオとしては面白いのですが、本当にそうなのでしょうか。GAFAはいずれも、世界中に何十億人ものユーザーがいるプラットフォーム業者です。AIなどソフトウェアの技術力も頭抜けているし、ビジネス的にもクラウド事業を展開していて、世界中の企業がGAFAのクラウドを使って自分たちのビジネスを構築しています。確かに富岳はHPL-AIでナンバーワンになりましたが、それだけで日本がGAFAに対抗していけると考えるのは論理的に若干飛躍しているかな、とも感じるのですが。

おっしゃるように富岳のようなハードウェアだけでは不十分なので、そこで使われるデータやソフトウェア、ビジネスモデルなど総合的に対処していく必要があります。

ただ、その点は認めたとしても、最近のAIの研究開発やビジネスにおいて、スパコンのようなHPC（高性能計算）用のコンピューティング資源が、ひときわ重要性を増していることは強調しておかねばなりません。

AIによる画像認識にしても、それに続いてブームを迎えている自然言語処理にしても、その開発や事業化に際して高性能のコンピューティング資源が大量に必要とされる時代に入りました。

これに対しGAFAは世界中におびただしい数のデータセンターを持っているから、それらの資源を全部合わせると、相当な量のHPC能力を有していることになります。またマイクロソフトも自社ですごいスパコンを抱えている。このため、私の知っている日本企業のＡＩ研究者などは「今のままでは（ＧＡＦＡやマイクロソフトなどに）計算資源の差が本質的な要因となって絶対に勝てない」と言っています。

スパコンが生まれた１９６０～７０年代には普通のコンピュータのおよそ３～10倍の能力に過ぎませんでした。だから３～10倍ぐらい時間をかければ、普通のコンピュータにも答えが出せました。ところが今は１００万倍以上の違いがある。そうするといかにデカくて速いスパコンを持つかが勝負になってきました。

ＡＩの分野も、「アルファ碁」（２０１６年以降、囲碁の世界的強豪を次々と打破したグーグルの囲碁ソフト）辺りから、そういう世界に突入しました。アルファ碁はディープラーニング技術によって、スパコンを使った機械学習で鍛えられています。もしスパコンがなければ、アルファ碁はおそらく囲碁の世界チャンピオンに勝てなかったでしょう。

それはアルファ碁のようなゲーム系に止まりません。画像系は当然そうだし、これから伸びてくる自然言語系も含め、ＡＩの研究開発やビジネスは結局スパコンのようなＨＰＣの勝負になります。この点において、世界最高のＨＰＣ基盤である富岳を使えばＧＡＦＡに対抗し、追い越すこともできる。それが私の言いたかったことです。

――私たち素人の認識では、富岳のようなスパコンとＧＡＦＡのデータセンターにあるクラウド用サーバーは全然別物と思っていました。が、今のお話から察するに、現代のＩＴ業界では、両

者はほぼ同じ位置付けにあるということなのでしょうか。

その通りです。ただ、スパコンはやっぱり高額。従ってデータセンター内の全部のコンピュータをスパコンにすることはできません。スパコンはあくまで全体の一部ですが、それは非常に重要な目的に使われます。たとえばグーグルの場合、自らのＡＩの加速のためにＡＩスパコン用の独自の専用ＣＰＵを開発しています。

彼らに対抗していくために、日本は富岳のようなＨＰＣ資源や学習データ、さらに学習ネットワークなどの「共有化」でＡＩ開発の効率を上げる必要があります。グーグルにしてもアマゾンにしてもお互いは競合関係にあるから、研究開発は秘密裡に進めます。その成果は秘匿されているので、異なる企業の間で研究開発のテーマや内容が重複し、膨大な無駄が発生しているのです。日本の場合、そういう無駄をやっている余裕はありません。富岳を公共プラットフォームとして各社が活用し、産業界全体のベースラインを高めていくべきだと思います。

米中ハイテク覇権争いの影響

――現在、米国でエネルギー省（ＤＯＥ）を中心に開発が進められているエクサ・スケールの次世代スパコン「オーロラ（Aurora）」の完成が予定より大幅に遅れ、２０２２年以降にずれこみそうです。理由は何だと思いますか。

日本も米国も「エクサ」はムーンショット的な目標なので、当然作るのは難しい。特に米国の場合、対中国を意識しているので一層難しくなります。

我々が富岳を開発する際、念頭に置いていたのは、「LINPACKのような単なるベンチマークでいくらエクサに達したところで大した意味がない。あくまで研究や産業各界で使われる広範囲な実際のアプリケーション性能で世界の頂点をめざす」ということです。

これに対し米国の解釈では、LINPACK（特に倍精度の64ビット演算）でエクサの処理性能を達成してこそ真のエクサ・マシンであり、それを作ると世界に公言してしまいました。しかも中国よりも先に、とです。

そこには米中間で微妙な違いが絡んできます。これまで中国製のスパコンは「ショウケース・マシン」と、ある意味揶揄されてきました。つまり彼らはベンチマークで世界一になっていち早く誇示できることが第一目標で、アプリケーションで使える実用性や汎用性への関心は薄いのではないか、というマシンを作ってきたのです。

ところが米国は、さすがにそういうマシンは作れません。日本と一緒で、実用性・汎用性が高いマシンを作らなきゃいけない。でも中国は抜く必要がある。そこで大きなリスクをとって、きわめてアグレッシブな目標を立てて開発を始めるから、どこかでしくじって遅れが生じる可能性も高くなる。

――DOEがスパコンの自国内製造にこだわったことが遅れの理由と見る向きもあります。つまりDOEが米国のインテルではなく、最先端となる7ナノ・メートル（ナノは10億分の1）の製

造技術を持っている台湾の半導体メーカーTSMCにオーロラのCPUの製造を委託していたとすれば、計画に遅れは生じなかったのではないでしょうか。

ＤＯＥ自身はそこまで排外的な組織ではないと思います。米国政府はエクサ・スケールのスパコンを３台開発する計画をしており、オーロラを除く2台は、ＣＰＵの設計は米国ですが、ＴＳＭＣに製造を委託しています。ただ、あの規模のマシンは日本では富岳１台なのですが、米国は３台作るとなると何十億ドル（何千億円）もの予算が必要となります。それを連邦議会に承認させるために、少なくともオーロラに関してはあえてピュア・アメリカンな技術で貫こうとする意図はあったのかもしれません。

――今、予算の話が出ました。日本の富岳のコストは約１３００億円（関係企業分含む）ですが、オーロラは約６億ドル（約６３０億円）と言われています。日本のスパコン開発は割高だと思いますか。

オーロラの場合、純粋な製造費が6億ドルです。一方、富岳では製造費に加えて設計費やデータセンターの改造費、さらにランニング・コストなど諸経費も含めて１３００億円なのです。

おそらく全体コストでは、富岳とオーロラでそれほど変わらないでしょう。スパコン開発にバーゲンはありません。国によって冷却装置が安くなるわけでもないし、設計に関わるマンパワーが変わるわけでもない。また半導体の世界にもマジックはありません。ウエハー（材料）も、ベースとなるテクノロジーもみな一緒だから、製造費はどの国でも同じなのです。

――米国政府が去年（2019年）、自国技術の輸出規制の対象リストに中国のスパコン・メーカーを加えましたが、これは彼らに相当影響を与えたのでしょうか。

きわめて大きな影響がありました。実はかなり以前から米国政府は、中国の防衛関係のスパコンセンターなどをブラックリスト化して輸出規制の対象にしていました。その後、トランプ政権が生まれ、対中関係が一気に悪化すると輸出規制は厳しさを増しました。中国メーカーはもはや、インテルやAMDなど米国メーカーから技術供与を受けて国家レベルの大規模スパコンを作ることはできません。

――中国が自国の技術だけでエクサ・スケールのスパコンを作ろうとした場合、先ほどのショウケース・マシンなら作れるのですか。

それなら彼らは作れます。ただ相当のお金がかかるはずです。それこそ何百億円もかけて、単なる国威発揚や技術推進のためにスパコンを作るべきかが問題となります。もちろん軍事など限られた用途なら使えるかもしれませんが、一般的なマシンとしては使えないので、たとえ作ったとしてもマーケットがない。これまで中国が開発したスパコンは、海外市場はおろか中国国内ですらほとんど売れていないのです。

量子コンピュータとスパコンの関係

――近年、グーグルやIBM、マイクロソフトなど名立たるIT企業が量子コンピュータの開発

に注力しています。スパコンの次はいよいよ量子コンピュータという意見さえ聞かれますが、実際どうなのでしょうか。

量子コンピュータ自体は非常に重要な技術で、理研においても50～１００個の量子ビットを持つマシンの開発をはじめ、さまざまなプロジェクトが動いています。しかし、それが普通のコンピュータにすべて置き換わるというのは無理がある話です。

量子コンピュータはその特性上、いろいろな限界があります。原理的に一番の限界は、結果が一個しか出せないこと。途中で多数の並列計算をしているはずですが、最終結果を読みだした瞬間に一個の答えに収束してしまうのです。

たとえば台風の進路をシミュレーションで予想する場合、日本列島に近づいてから遠方に消え去るまで途中の結果が全部大事であるはずですが、量子コンピュータは計算できても出力できない。あくまで一個の最終結果しか出せないのです。

もう一つは、いわゆる「量子加速（quantum speedup）」に関する問題です。確かに量子アルゴリズムを使うと、普通のコンピュータがどう頑張っても追い着けないスピードに到達できます。これが量子加速と呼ばれる現象ですが、それを実現できるアルゴリズムの数は限られているし、そういうアルゴリズムを作るのは大変難しい。また多くの量子アルゴリズムは、現在と比較してすさまじく桁違いに大きい量子コンピュータを作らないと、通常の計算機に対するアドバンテージが生まれません。

そもそも量子コンピュータを開発するためには、普通のコンピュータ以上に、スパコンによるシミュレーションが必要なのです。実際、現在の量子コンピュータは米エネルギー省、あるいはグーグルやＩＢＭ、マイクロソフトのように、自ら大規模スパコンを持つ組織を中心に研究開発が行われています。我々の富岳なら、50〜２００量子ビットくらいまでのマシンをシミュレーションできると思います。

だから「今のスパコンを量子コンピュータに置き換えよう」というより、「当面作れる量子コンピュータが得意な問題を探し当て、それをやらせよう」という方向にもっていく必要があります。また仮に量子加速が有効なアプリケーションでも、一つのプログラムの中に量子加速ができる部分とできない部分があり、後者を量子コンピュータに任せるとむしろ遅くなってしまう。そこはスパコンに任せたほうが速いので、きめ細かく使い分けていくことが大切です。

――最後に皆さんにお伝えすべきことはありますか。

富岳プロジェクトに際してアポロ計画に関する書物をいろいろと読んだのですが、危機管理をはじめ非常に参考になりました。「ああ、やっぱり同じようなことをやっているんだな」と。

スパコンも宇宙開発も、最先端の開発はやはり国が関与しないとできません。政府と民間企業が一緒になって、民間の一事業者だけでは作れないような最先端技術を国を挙げて作っていくのが大事です。また継続する必要があります。欧州はスパコン開発をいったん捨ててしまいました。今、「ホライズン２０２０」というＥＵプロジェクトの中で、巨額の予算をかけてスパコン開発の再起を図って頑張っていますが、現状ではまだまだ発展途上で、大変苦労しています。いったん捨ててしまうと取り戻すのは数年では済まないですし、復活のコストは大変高くなります。

そうした継続性という点で、富岳の次に向けた研究を、我々は既に開始しています。富岳が成功したからといって浮かれている暇はない。今まで以上にいろいろな産業で使ってもらえるスパコンを開発し、日本のＩＴや最先端技術のリーダーシップをとっていく。そのために、うちの研究センターはあると思っています。

（２０２０年９月１日取材）

interview

スパコン開発に必須な「技術への投資感覚」

清水俊幸（しみずとしゆき）（富士通・プラットフォーム開発本部　プリンシパルエンジニア）

——スパコンという大規模システムの開発チームをまとめるには、どのようなモットーや工夫が必要とされるのでしょうか。

スケジュール感をしっかり工夫するのが大切です。重要なマイルストーンやシンプルなゴールを皆が共有できてこそ大きなチームが動いていきます。富岳の場合、開発プロジェクトが始まる前のフィージビリティ・スタディ（実行可能性調査）によって、スケジュールや達成する目標のイメージを描くことができました。

——約10年間に及ぶ富岳の開発期間において、「これはまずい」、逆に「これはいける」と感じた瞬間はありますか。

一番の危機は２０１６年頃だったと思います。当初想定していた半導体テクノロジーでは目標とする消費電力や性能が達成できそうもないことがわかってきました。スパコンの開発プロジェクトというのは、スタート時点で5～10年先の技術レベルを推定して始めなければなりませんが、その予想が外れることも当然あります。16年頃にそれが判明した時は、半導体の微細加工の指標となる「プロセス・ルール」と呼ばれるテクノロジーを最先端の７ナノ・メートルに切り替えて難局を打開することができました。

――さまざまな困難に遭遇した時、そのブレークスルーとなるアイディアは開発チームの中からどのように出てくるのでしょうか。

基本的には、設計や検証の現場担当者（エンジニア）が技術的に一番わかっているので彼らに任せています。

もう少し大きな問題、つまり影響が広範に及んだり、方式に関わったりするものは、広く関係者を集めてブレーンストーミングを行いました。たとえば富岳の消費電力性能は、ＣＰＵやシステムの設計者、ソフトウェアの開発者らが集まってブレストしていろいろなアイディアを出して、それを積み上げて目途を立てることができました。

さらに高いレベルだと、トップダウンも必要です。スパコン開発は巨大プロジェクトなので、個々のチームでは全体の問題を洗い出すのは難しい。従ってトップダウンで取り組んで問題を徹底的に洗い出す。原理的に解ける問題なら、このやり方で見つけることができます。

――コロナの影響はどうでしたか。

富岳の設計を終えて工場から出荷を開始したのは19年12月でしたが、「コロナがやばいぞ」という雰囲気になってきたのは20年2月初頭。ここからサプライチェーンや製造の手順などを日々調整しながら、なんとか製造・出荷をつなぐことができました。

富岳の理研施設への導入やベンチマークについては、理研の指導のもとに、どう三密（密閉・密集・密接）を避けるかなどに注意しつつ進めていきました。

テクノロジーでどこに投資するかが問題

——スパコンの性能には、個々のプロセッサ（CPU）の速度から、それらプロセッサ間の通信機能までさまざまな要素が絡んできますが、富岳の技術的成功には、どの部分が最も効いているのでしょうか。

一言でいうと、個々の技術的要素に対する投資の考え方がうまくいったと思います。

たとえばランキングの「TOP500」ではCPUの演算性能、同じく「HPCG」ではCPU同士をつなぐインターコネクトがとても重要になります。「Graph500」ではメモリアクセス性能と通信時間、「HPL-AI」では半精度演算（16ビット演算）と通信ライブラリの最適化が効く。これらの要素はすべて複雑に関わり合い、トレードオフも生じますが、それをアプリケーション性能の向上の観点から強化したことが、結果的にバランス良い実装につながったと考えています。

――「Ａ64ＦＸ」はＨＰＥクレイも自社製マシンへの採用を決めるなど海外でも高く評価されています。成功の理由は何でしょうか。

同じく「そのテクノロジーでどこに投資するか」が重要です。Ａ64ＦＸはスパコン用ということもあって、大規模アプリケーション性能に大きな影響を与えるメモリバンド幅に投資しています。逆にＨＰＣの向上につながらない投資（実装）は抑えています。ＣＰＵのような半導体開発に魔法はなく、投資に関する取捨選択がポイントになるのです。これが自信をもってできたのは、理研やさまざまな分野の研究者からなるコデザイン（共同設計）推進チームのお蔭です。

――日本の半導体産業は80年代までＤＲＡＭなどメモリ分野で世界を席巻していましたが、以降は日米半導体協定などを機に衰退していきました。往年の日本の半導体技術は一種のレガシーとしてＡ64ＦＸの開発に活かされたのでしょうか。

メモリとＣＰＵでは分野が違います。もちろん当時、日本はシリコン（半導体）の製造技術という面では進んでいましたが、残念ながら今ではそうではありません。現在、シリコン（ＣＰＵ）は台湾のＴＳＭＣが製造しているのですが、テクノロジー周りの長い経験は、Ａ64ＦＸの成功に寄与したと思います。

また今回、米国のスパコン・ベンダーがこのＣＰＵを採用したのは、その性能と共に、英半導体メーカーＡＲＭ（アーム）が提供する命令セット・アーキテクチャ（計算用の命令体系）をサポートした点が大きいと思います。

――ＡＲＭは具体的にどんな貢献をしたのですか。

ＡＲＭがいろんなベンダーやカスタマーに受け入れられている理由は、コンパチビリティ（互換性）をしっかり維持しているからだと考えています。

ＡＲＭの命令セットに準拠していれば、アイフォーンで動くアプリが富岳でも動く。つまり普段使っているアプリが富岳でもそのまま使えることがお客様にとってはとても価値がある。単に紙の仕様書にそう書かれているだけではなく、ＯＳ（基本ソフト）や環境面までしっかりメンテナンスすることで互換性を保証しています。だから我々は安心して、それに準拠したＣＰＵを開発することができるのです。

実行効率を引き出すのが「技術」

――現在の富岳をチューンアップすれば、来年（２０２１年）ＬＩＮＰＡＣＫでエクサ・フロップスを達成できますか。

富岳のピーク性能（理論的な性能値）は５３７ペタ・フロップスなので、エクサ・フロップスは超えられません。ただ、半精度演算であれば、既にＨＰＬ-ＡＩで１・４２エクサ・フロップスに達しています。

――ピーク性能は結局、予算の規模で決まってしまう、という意見もありますが。

実際、その通りですが、ただピーク性能が高ければ良いというわけではありません。限られた予算の中で、実際のアプリケーション性能（実行効率）をどう引き出すかが本当の勝負なのです。ふんだんに資金・物量を投入すればピーク性能は高まりますが、実際にお客さんが使うアプリケーションが速くなるとは限りません。

ＴＯＰ５００では、京や富岳はピーク性能に対して80％以上の実行効率が得られています。他のスパコンは80％に達していません。そこが我々の技術だと思っています。

「国力」とは優秀な人材

――よく「スパコンはそれを開発する国の国力を反映する」と言われますが、日本の強みとは何でしょうか。

我々のチームメンバーは、一人ひとりがとても優秀です。長い経験を積んできたベテランはもちろん、ＣＰＵやスパコンをやろうと富士通に来てくれた優秀な若手も多い。これは大規模プロジェクトの効果だと見ています。今回、官民共同で大きな投資をし、そこに優秀な人材が集まったから富岳ができました。まさに「国力を反映する」と言われるゆえんでしょう。

――新入社員の時から「スパコンをやりたい」と言って入社してきた人も多いのですか。

結構います。２０１１年に京が有名になったこともあり、その頃入社した若い技術者らが富岳プロジェクトでもずいぶん元気に働いてくれました。

――清水さん自身のご経歴は？

私はもともとコンピュータがやりたくて入社しました。最初は研究所で並列計算機をやっていましたが、それが事業化することになり、以降はいろんなコンピュータを開発してきました。

――おそらく「スパコン事業はペイしない」という理由から、NECや日立は既にこの分野から撤退しました。御社だけが続けていますが、ペイするのですか。

会社としての公式見解は私には答えられません。個人的な見解でよければ、少なくともこれまではスパコンの広告効果や技術推進をはじめ諸々の理由から、事業の妥当性は説明できていました。

多様な発言は評価すべき

――現在のスパコンに代わる量子コンピュータへの関心が高まっています。これはどの程度現実味がある話なのでしょうか。

量子コンピュータは、いわゆるコンピュータやスパコンとはまったく違います。まずプログラミングが違うし、カバーできる得意分野も異なるのです。一部の問題を高速に解ける可能性はありますが、今まで培った技術がムダになるわけではなく、むしろシステムとして得意な分野が増えるということだと思います。従ってスパコンの開発はこれからも必要です。

ただ量子コンピュータのような難しい問題にチャレンジすれば技術開発を加速します。当社の研究所でも、量子コンピュータの要素技術や応用に取り組んでいます。多くの優秀な技術者がそれに携るのはとても有意義だと思います。

――現在のスパコン研究者も量子コンピュータに関心を持っているのですか。

人それぞれだと思います。新しもの好きや技術に磨きをかけたい向上心の強いエンジニアは量子コンピュータにも関心があるでしょう。私は興味はありますが、勉強が足りない。

――ある日、突然「来期から量子コンピュータ開発に移ってくれ」と言われたら対応できますか。

これも人それぞれ。若い人や柔軟な人ならスイッチを切り替えて対応できるかもしれませんね。

――最後に「1位じゃないとダメですか？」発言も含め、政治に対する要望があれば。

我々技術者は常にベストをめざして開発に取り組んでいます。技術者なら1位をめざすのは当然です。2位、3位を狙っても目論見通り取れるわけではありません。

政治の関わりでは、いろんな人がいろんなことを発言するのは、むしろ良いことだと思っています。蓮舫議員の発言の後、東大をはじめ多くの大学の先生方が嘆願書を出されて、スパコンがいかに大事かを訴えてくれて感激しました。議論はどんどんして、そこから何が大事かを冷静に見きわめていくことが必要だと思います。

（2020年9月2日取材）

第2章 AI半導体とハイテク・ジャパン復活の好機

約7年間の運用を終えて2019年に解体されたスパコン京（提供：理化学研究所）

世界的な半導体メーカーの米インテルが有名な「インテル入ってる（Intel Inside）」の広告キャンペーンを始めたのは1991年頃と言われる。

このキャンペーンを通じて、同社は「インテルのCPUさえ入っていれば、どんなパソコンを買っても性能は同じ」というメッセージを消費者に伝えた。[1] これによりパソコンの「コモディティ化（値段の安さでしか勝負できないこと）」が進み、PCメーカー各社のブランド価値は破壊された。以降、インテルはマイクロソフトと並んで世界のパソコン産業を半ば支配することになった。

しかし近年、その状況が大きく変わりつつある。私たちが普段使っているスマートフォン（スマホ）は大分以前からインテルのx86ではなく、ARMアーキテクチャに従うCPUを搭載している。

GAFAがカスタム半導体を自主開発

さらに最近では、GAFAに代表される米国の巨大IT企業がインテル製品を脱して、スマートフォンやクラウド・サーバーに搭載されるプロセッサなど半導体チップを自主開発するようになった。

前章でも触れたように、その先駆けとも言えるアップルは2010年から、アイフォーンとアイパッド用のＡシリーズと呼ばれるＳｏＣ（System on Chip：ＣＰＵや周辺機能などを1チップ化したもの）を独自開発してきた。きっかけはインテルとの交渉が不成立に終わったことだ。当時、アップルはインテルに「アイフォーン専用のＣＰＵを開発してくれないか」と打診したが、インテルがこの要請を却下したためにアップルはチップの自主開発に踏み切ったのだ。

また20年にマックに搭載されたＳｏＣのＭ１を自主開発し、今後数年をかけてマックの製品系列をインテル製のＣＰＵからＭシリーズのチップへと切り替えていく方針を示した。Ａ／Ｍシリーズのいずれも、ＡＲＭアーキテクチャのチップだ。

一方、グーグル（アルファベット）は16年に発表した「ＴＰＵ（Tensor Processing Unit）」と呼ばれるプロセッサを自主開発し、これを自社のデータセンターに置かれる多数のサーバーに搭載している。ＴＰＵはディープラーニングの処理に特化したプロセッサだ。最近ではＩｏＴなど、身の回りの情報端末に搭載される「エッジＴＰＵ」と呼ばれる推論用プロセッサも独自開発した。

グーグルの後を追うフェイスブックもまた、これらと同様のＡＩチップを開発中と見られている。

さらにマイクロソフトも自社のクラウド・サービス「Azure」用のサーバーやパソコン「Surface」に搭載される半導体チップを自主開発する計画であると、ブルームバーグなど米国メディアが報じている。

が、おそらく最も注目されているのはアマゾン（・コム）の動きだろう。アマゾンは言うまでもなく世界最大のEコマース業者だが、実はその収益の大半は自社のクラウド・サービス「AWS（Amazon Web Service）」によって稼ぎ出している。

同社は18年頃から、「グラビトン（Graviton）」や「インファレンシア（Inferentia）」と呼ばれる独自プロセッサを自主開発し、これをAWS用の巨大データセンターに設置される多数のクラウド・サーバーに搭載し始めた。いずれもARMアーキテクチャに従うチップで、機械学習や推論などのAI処理に適している。

アマゾンは世界全体で数百万台ものクラウド・サーバーを稼働させていると見られるが、過去にはその大多数がインテル製のCPUなど既製品のチップを搭載していた。しかし今後数年をかけて、それらをグラビトンなど独自開発したチップへと切り替えていく方針だ。

ソフトからハード開発へと進出する理由

GAFAが半導体の自主開発に乗り出した理由は、ソフトウェア事業における手詰まり感にある。これら米国の巨大IT企業は、グーグルの検索エンジンやフェイスブックのSNSに代表される各種のソフトウェアやサービスを中心とする企業だ。

もちろんGAFAの一角をなすアップルはアイフォーンをはじめハードウェア製品のメーカーだが、それでも「アップストア」などソフトウェア／サービス事業からの収入も相当な額に上る。またアイフォーン自体も洗練されたユーザー・インタフェースなどソフト技術を売り物にする商品だけに、アップルも半ばソフトウェア企業と見て構わないだろう。

またアマゾンは基本的に物販事業者だが、そのビジネスの根幹を支えるのはインターネット関連の高度なシステム技術だ。Ｅコマースと並ぶ主要収入源であるクラウド事業「ＡＷＳ」も同様。となると、アマゾンもやはりハードよりもソフトウェアを中心とする会社と言えるだろう。

これら巨大ＩＴ企業は最近まで、人的労働をこなすロボットやＡＩの導入など事業の合理化を極限まで推し進めてきた。が、ここに来て本来得意とするソフト開発から半導体などハード開発、つまり畑違いの分野へと踏み込まない限り、これ以上の発展が期待できなくなってきたのだ。

インテル製ＣＰＵのような既製品のチップは、なるべく広範囲のユーザーに使ってもらうために汎用性を重視した設計となっている。逆に言うと、ＧＡＦＡ各社が手掛ける顧客サービスに特化すべくカスタマイズされたチップではないので、業務の効率化や高速化など性能面では妥協せざるを得ない。

このことは、世界全体に広がったデータセンターで数百万台規模のサーバーを運用する巨大ＩＴ企業にとって、多大な損失を発生させることになる。この問題を解決するためにＧＡＦＡは、ここに来て各々の事業に最適化されたプロセッサなど半導体の自主開発に乗り出したのだ。

その効果は速やかに表れている。２０１８年、アマゾンが独自プロセッサのグラビトンをＡＷＳ用のクラウド・サーバーに導入したところ、これらを選択したユーザー（顧客企業）の中にはサービス利用費を45％も節約するところが出てきた。これはグラビトンが省電力性に優れているため、ＡＷＳにおける電力コストを大幅に削減できるからだ。
20年、アマゾンは第2世代の自主開発チップとなる「グラビトン２」をＡＷＳに導入した。ＡＷＳユーザーの一つであるスタートアップ企業が、自社で運営する写真共有サイトにグラビトン2を搭載したシステムを利用したところ、数十億枚にも上るイメージ検索のスピードが20％向上。一方、それに要するコンピューティング費用は38％も節約することができたという。[2]
アマゾンによれば、自主開発したカスタム・チップの導入によりクラウド事業全体のパフォーマンスは4割向上し、コストは２割削減できたという。

機械学習と推論ができるＡＩプロセッサ

これらＧＡＦＡのカスタム・チップはいずれもＡＩ処理に最適化されている。

その理由は、最近のクラウド事業においてＡＩ関連サービスの占める割合が急激に増加しているからだ。グーグルの推計では、世界のクラウド市場は今後ＡＩを導入することにより、２０１８年の2倍に当たる年間５２００億ドル（52兆円以上）まで成長する見込みという。

ＧＡＦＡ各社は今後、自身のクラウド事業に強力な人工知能を導入することで、より一層の市場拡大をめざすと共に、そこにおける自らの存在感を高めていこうとしている。

これから予想される急激なＡＩ需要の拡大に備え、グーグルは18年に「クラウド・オートＭＬ」と呼ばれるサービスを開始。また、ほぼ同じ時期にアマゾンも「セージメーカービス（グーグル・クラウド、ＡＷＳ）に追加されるディープラーニング機能として提供される。いずれも、両社が以前から各々運営しているクラウド・サー(SageMaker)」をリリースした。

このディープラーニングというＡＩは、大きく「学習」と「推論」という2つのパートに分かれる。前半の学習プロセスでは、ＡＩが「教師データ」あるいは「トレーニング・セット」などと呼ばれる学習用データをもとにさまざまなパターンを学習する。後半の推論プロセスでは、ＡＩがそうした学習の成果にもとづき、たとえばスマホ内蔵カメラが撮影した被写体は「春の青空を彩る満開の桜」であるといったことを判定（パターン認識）する。

この技術はまた、顧客企業から提供されたビッグデータを解析して、「売上予測」などさまざまなビジネスにも大きく貢献している。これら大量のデータ処理を高速・高精度にこなすためには、既製品の汎用ＣＰＵでは不十分で、どうしてもＧＡＦＡが自主開発するＡＩ処理用の独自チップが必要になってくるというわけだ。

たとえばグーグルが自主開発した「学習」用のチップはＴＰＵだ。これは同社の「クラウド・オートＭＬ」に必要な多数のサーバーに搭載される。一方、「推論」用に開発したチップはエッジＴＰＵで、これは同社が提供するモバイルＯＳ「アンドロイド」を採用したスマホ、さらに今後の伸びが期待されるＩｏＴ製品などに搭載される。

一方、アマゾンが開発した学習用チップはグラビトン、推論用チップはインファレンシアだ。特に第2世代のグラビトン2は、64個もの「コア」と呼ばれる演算ユニットを内蔵している。通常、インテルがクラウド・サーバー用に提供するx86系のプロセッサは24個ほどのコアを内蔵しているが、アマゾンの独自プロセッサはこれをはるかに凌いでいることになる。

本来、ソフトウェア開発を得意とするアマゾンが、短期間で半導体の王者インテルに匹敵する技術開発力を養うことができたのは、そこに必要な高度な人材をかき集めてきたからだ。

これはグーグルやアップル、フェイスブックも同じだが、彼らはお膝元のシリコンバレーのみならず世界の労働市場を鵜の目鷹の目で探し回り、有能な半導体エンジニアをスカウトする。あるいは必要とあれば、この分野で最先端の技術力を有するスタートアップ企業などを大枚をはたいて買収してしまうのだ。

実際、アマゾンは15年にイスラエルの半導体メーカー「Annapurna Labs」を推定3億7000万ドル（約400億円）で買収し、ここにグラビトンなどAIチップを開発させた。同社のように将来を見通すビジョンと潤沢な資金力がある企業なら、わずか数年でインテルを凌ぐほど高度な半導体を開発できる時代になってきたのだ。

日米貿易摩擦とジャパン・バッシング

以上のように、米国の巨大IT企業は時代の流れに応じてソフトからハードへと得意領域を広げることに成功したが、これと対照的な道筋を辿ったのが、かつての日本の大手電機メーカーだ。

今から30年以上昔の1980年代、現在のGAFAに匹敵するほど世界で大きな存在感を示していたのが、日立製作所や東芝、ソニー、NEC、富士通など日本のエレクトロニクス・メーカーだった。

これらの会社は各種の電機製品に加えてパソコンや大型コンピュータ、さらには通信システムなどの事業も手掛けるハイテク企業だったので、現在のIT企業的側面もあった。

しかし両者の間には大きな相違点がある。

前述のように、GAFAは各種のソフトウェアやサービスを中心とする企業だ。

これに対し80年代における日本の総合電機メーカーは、廉価で高品質のテレビや白物家電など「ハードウェア」の製造事業者だった。逆にパソコンに搭載されるOSやアプリケーションなど、ソフトウェア開発はどちらかと言うと苦手だった。これは日本の関係者も認めていたし、当時の欧米メディアの記事等を今読み返すと同じような認識が書かれている。つまり諸外国も、「日本企業が得意とするのはソフトよりもハード」と見ていたわけだ。

中でもコスト・パフォーマンスが高く、洗練された日本の家電製品は、世界中に輸出されて飛ぶように売れた。ただ、そのように各国で日本製品が売れれば、その分だけ自国の製品は売れなくなる。当時、欧米諸国を中心に日本との間で激しい貿易摩擦が巻き起こり、特に米国ではワシントンの議事堂の前で議会議員が東芝製のラジカセやテレビをハンマーで叩き壊すパフォーマンスを演じるほどだった。

それは「鉄鋼」や「自動車」など、エレクトロニクス以外の主要製品に対しても同じだった。

特に燃費が良く故障しにくい日本の自動車に対し、欧米の労働者は強い危機感を募らせた。米国の自動車産業の中心地デトロイトでは、日本製の自動車が労働者らによって叩き潰され、その様子が日本のテレビ・新聞などでも報じられて、いわゆる「ジャパン・バッシング（日本叩き）」の象徴となった。

日米半導体協定と電子立国からの転落

当時の米国は共和党のロナルド・レーガン大統領（任期：1981〜89年）政権の下で、経済の低迷と財政・貿易のいわゆる「双子の赤字」に苦しめられていた。中でも赤字額が大きかった日本に対し、レーガン政権はハイテク分野に重点を置く強硬な貿易摩擦解消策を迫った。それが86年の日米半導体協定だ。

それまでＤＲＡＭに代表される日本の半導体産業は、官民が手塩にかけて育て上げてきた「虎の子」の産業だった。早くも76年には「将来のコンピュータ産業の礎となる超ＬＳＩ（大規模集積回路）を日本が独自開発する」という壮大な目標を掲げ、官民共同で「超ＬＳＩ技術研究組合」を発足。大手電機メーカー５社と通商産業省工業技術院の電子技術総合研究所（当時）による共同研究に着手していた。

こうした早期の取り組みが実を結び、80年代後半には世界の半導体市場で日本のエレクトロニクス・メーカーが覇権を握った。86年には世界の半導体供給の上位10社のうち、６社までがＮＥ

Ｃ（１位）や東芝（２位）、日立製作所（３位）をはじめ日本企業で占められた。89年には、日本製の半導体は世界市場で53％のシェアを奪った。

当時「産業の米」とも称された半導体技術の優越性によって、世界市場を席巻した各種家電をはじめ「電子立国」日本の基盤が整備されたのだ。

一方、半導体を国家の基幹産業と位置付けていた米国では、当然のごとく日本脅威論が浮上した。米半導体工業会（ＳＩＡ）は日米間の半導体貿易の不均衡を是正しようとロビー活動を活発化させ、米国のメディアも日本への警戒感を煽り立てる報道を盛んに流した。[3]

85年、ＳＩＡは「日本メーカーがダンピングを行っている」としてＵＳＴＲ（米通商代表部）に提訴。日米産業界の争いは政府間の争いへと発展した。１年間の政府間協議の末、86年９月に締結されたのが通称「日米半導体協定」である。

この協定では「日本の半導体市場を（米国など）海外の半導体メーカーに開放すること」と「日本の半導体メーカーによるダンピングを防ぐこと」が定められた。

80年代後半、日本国内の半導体市場は世界の半導体売上の実に40％を占めていた。そして、この巨大な国内市場の90％以上を日本製の半導体が占めていた。このため米国のメーカーや政府関係者の目には「半導体ビジネスにおいて、日本は鎖国している」と映っていた。米国側にしてみれば、これを是正するために日米半導体協定が交わされたのである。

後に改訂され91年に発効した日米半導体新協定では、「日本の国内市場における外国製半導体のシェアを20％以上に高める」という数値目標まで明記された。日本政府から「可能な限り、外国製半導体のシェアを高めるように」という通達を受けた日本メーカーでは、営業担当者が自社製品ではなく外国製半導体を顧客に売り込まざるを得なくなった。

また日本メーカーは事実上、自社製品の価格決定権を奪われ、一定の価格以上で日本製半導体を売ることを義務付けられた。当時を知る関係者は、「これでも日本は独立国家と言えるのか」という怒りがこみあげてきたという。

92年、日本の半導体市場における外国製半導体のシェアは1年前から5％以上増加し、20％を超えた。翌93年には日本の半導体メーカーの年間売上高は米国メーカーに抜かれた。

しかし日米半導体協定の恩恵を最も受けたのは、実は米国ではなく韓国だった。当時、韓国ではサムスン電子を中心に半導体産業がまさに立ち上がろうとしていた時期だった。日米半導体協定を受けて、韓国製のＤＲＡＭは日本メーカーから「外国製半導体」として歓迎された。営業の現場では、日本メーカーの担当者が顧客に「いや、弊社の製品よりも、こちらのお得な韓国製のほうをお勧めしますよ」というシュールな光景が見られたという。

韓国メーカーは言うまでもなく自社製品の値段を決められたので、日本製半導体に比して競争力のある価格設定が可能だった。このため日本市場のみならず、世界市場でも日本メーカーのシェアを奪っていった。98年には韓国勢がＤＲＡＭの年間売上で日本メーカーを追い抜いた。

これと並行して日本から韓国への技術流出が進んだ。折からの日本経済のバブル崩壊も相俟って、売上が激減した日本のエレクトロニクス・メーカーは半導体部門のリストラを迫られた。職を失った日本の半導体技術者らをサムスン電子などが次々とヘッドハントした。あるいはリストラされる前から、いわゆる「窓際」に追いやられた日本の技術者は、自社で培った最先端の半導体技術を、高い報酬と引き換えに韓国メーカーに提供していたと言われる。

こうして日本の半導体産業は急速に国際競争力を失っていった。

一方、米国では93年に発足した民主党のビル・クリントン政権が（89年の）東西冷戦終結に伴う「平和の配当」を活用し、米国の軍事予算を削減して、それを教育や科学技術の振興へと振り向けた。中でもアル・ゴア副大統領の肝煎りで進められた「情報スーパーハイウェイ構想」は、米国でインターネットを中心とするIT産業の勃興を促した。

その後のインターネット・ブームを経て、世界は「エレクトロニクス」から「IT」の時代へと移り変わり、技術開発の力点はハードからソフトに替わった。NECや東芝、ソニーなど、日本メーカーはこの変化に対応できず、世界市場における存在感は低下した。これに代わってサムスンに代表される韓国勢、さらには中国勢のメーカーが勢いを増していった。

それはちょうど、日本のいわゆる「失われた10～20年」などと呼ばれる時期と重なっているが、80年代バブルの崩壊に伴う不良債権の問題、そして半導体や家電など基幹産業の衰退による日本経済の低迷は実際にはそれ以上の長期に及んだ。中でも電機メーカーは2000年のITバブル崩壊や08年のリーマン・ショックなどを経て、各社数千～数万人にも及ぶ人員削減や事業の合併・売却など激しいリストラに追い込まれた。

半導体産業の水平分業化

この間に世界の半導体産業は構造的な転換が進んだ。

日本の電機メーカーが世界の半導体市場で全盛を誇った１９８０年代まで、日本のみならず世界のメーカー各社は、自社で半導体の設計から生産（製造）まで一貫して行う「垂直統合型」の事業体制を敷いていた。

しかし90年代以降、いわゆる「プロセス・ルール」と呼ばれる半導体の最小加工寸法が数百から数十ナノ・メートルへと微細化のペースを加速するにつれ、新たな製造装置の導入やクリーンルームの整備に要するコストが優に数千億円の規模にまで膨らんだ。

このため特に巨額投資を必要とする「シリコン・ウエハー上での薄膜形成」や「薄膜にトランジスタの回路パターンを光で焼きつける露光」など、いわゆる前工程を中心に、他のメーカーに半導体の製造を委託する「水平分業型」への転換が進んだ。

この結果、世界の半導体産業は「ファブレス（工場を持たないメーカー）」と「ファウンドリ（工場だけを持つメーカー）」と呼ばれる2業態に分化した。ファブレスは文字通り製造工場を持たずに、半導体の開発・設計のみを行う企業。逆にファウンドリは自社ブランドの半導体を開発することなく、ファブレス企業から半導体の製造を受託する企業のことだ。

こうした水平分業型では、ファブレス企業は半導体製造に伴う巨額の設備投資リスクを負うことなく、新たな製品の開発・設計に専念することができる。一方、ファウンドリ企業のほうは多くのファブレス企業から受注した半導体製品をまとめて生産できるため、製造コストを下げられるというメリットがある。

現在、世界的に有名なファブレス企業には米国のクアルコムやエヌビディア、ＡＭＤなどがあり、ファウンドリには台湾のＴＳＭＣやＵＭＣ（聯華電子股份有限公司）、中国のＳＭＩＣ（中芯国際集成電路製造有限公司）、米国のグローバル・ファウンドリーズなどがある。このうちＡＭＤはもともと垂直統合型メーカーだったが、２００８年に製造部門を分社化してファブレス企業になった。この分社化された製造部門が、現在のグローバル・ファウンドリーズだ。

ただし水平分業化が進んだとは言っても、現在でも半導体の開発・設計から製造まで一貫して行う垂直統合型メーカーは存在する。米国のインテル、韓国のサムスン電子、あるいは日本のキオクシア（17年に東芝の半導体事業を分社化して設立された会社）などだ。

さらに本章の冒頭で紹介したアップルやアマゾン、グーグルなど米国の巨大ＩＴ企業も、一種のファブレス企業と見ることができる。彼らが自社のスマホやクラウド・サーバーに適した独自チップを自主開発することができるのも、自らはクリーンルームなど莫大な設備投資リスクを負うことなく、半導体の製造をファウンドリに委託できる世界的システムがあればこそだ。

半導体産業の陰の実力者ＡＲＭ

このように水平分業化した現在の半導体産業できわめてユニークな立場にあるのが、ここまで何度か言及したＡＲＭ(アーム)だ。正式な社名は「ＡＲＭホールディングス」で、顧客企業に「ＡＲＭアーキテクチャ」と呼ばれる技術仕様をライセンス提供することで半導体業界における隠然たる影響力を振るってきた（後述するように同社はこれまで日本のソフトバンクグループをはじめ外国企業に何度か買収されたことがあるが、１９９０年の設立以来、本社が置かれているのはイングランドのケンブリッジなので事実上は英国の会社と見られている）。

ＡＲＭがライセンス提供するのは、一般に「命令セット・アーキテクチャ（ＩＳＡ：Instruction Set Architecture）」と呼ばれるものだ。これはＣＰＵのようなハードウェアとＯＳやアプリなどソフトウェアのインタフェース（境界線）を定義している。

ちょっと抽象的でわかりにくいかもしれないので、より具体的に説明すると、ＩＳＡとはコンピュータに搭載されるプログラム（ソフトウェア）が、ＣＰＵなどプロセッサ（ハードウェア）を操作するための基本的な命令群のことだ。

たとえば「ＬＯＡＤ（データをメモリに読み込む）」「ＡＤＤ（データを加算する）」「ＳＴＯＲＥ（データを二次記憶装置に保存する）」……など、ＣＰＵの各種動作を指定する一連の命令として記述される。これらはごく基本的な命令なので、どんなＩＳＡ（ＣＰＵ）にも用意されているが、他にも異なるＩＳＡによってさまざまな命令が用意されている。たとえばゲーム機用に開発されるＣＰＵであれば、ビデオ再生に特化した命令がＩＳＡに追加されることもある。

これら命令の種類や機能に応じて、そのＣＰＵひいてはそれを搭載するコンピュータや各種ＩＴ端末の性格が形成されることになるので非常に重要である。ゆえに、ＩＳＡは一種の「設計思想」と捉えることもできる。

ただしＩＳＡはＣＰＵのごく基本的な仕様を決めるに過ぎず、それだけではＣＰＵを作り上げることはできない。ＩＳＡの下位には「マイクロ・アーキテクチャ」が存在する。これはたとえばＣＰＵの内部に配置される「キャッシュ（高速小容量のメモリ）」のサイズや「バス（データ伝送路）」の幅（容量）などひときわ詳細な設計仕様だ。

さらにその下位には、論理実装や回路実装、物理実装などの実装設計が存在する。これらは最終的に「半導体のシリコン・ウエハー上に数億～数十億個ものトランジスタをどう配置して互いに接続するか」といったきわめて具体的、かつ込み入った設計図となる。

ちなみにトランジスタとは１９４８年に米国のＡＴ＆Ｔベル研究所で発明された基本的技術で、電子回路のスイッチや信号の増幅に使われる。当初は個別の電子部品として製品化されたが、その後は半導体の微細加工技術の進歩に伴い、露光装置によってシリコン・ウエハー上にきわめて微小な回路として無数に焼き付けられるようになった。これがメモリやプロセッサなど、いわゆる「ＬＳＩ（大規模集積回路）」あるいは半導体チップと呼ばれるものだ。

マイクロ・アーキテクチャからトランジスタなど物理実装までの領域は、エヌビディアやクアアルコムなどファブレス・メーカー各社の仕事となることもあるし、契約次第ではISAと一緒にARMが一部引き受けてしまうこともある。いずれにせよ、この部分の設計によって、同じARMアーキテクチャに従うCPUでも、各社製品で性能上の大きな違いが生じることになる。

世界的に普及している命令セット・アーキテクチャには、このARMの他に（インテルやAMDの）「x86」や「MIPS」、さらに「SPARC」や「RISC-V」など少なくとも20種類以上が知られているが、あえて「主な2種類に絞れ」と言われれば、それはx86とARMになるだろう。

従来、CPUの高速性やパワーを追求するならx86、逆に省電力性を追求するならARMを選択すべきと言われてきた。アイフォーンやアンドロイド携帯、電子ブックリーダーなどモバイル端末にARM系が多いのはそのためだ。しかし最近はx86、ARMの両陣営とも、自らの長所を伸ばし弱点を補うべく改良を重ねているので、かつてほど単純な話ではなくなってきたとされる。

が、それでもやはり「省電力ならARM」との定評は底堅い。特に最近のコロナ禍でいわゆるDX（デジタル・トランスフォーメーション）が進む中、データセンターの電力消費量を抑制する目的から、最近はクラウド・サーバー市場やスパコンにまでARMは勢力範囲を拡大しつつある。

このように世界全体で使われている莫大な数の情報機器で、巨大なIT生態系を形成したことがARMの強さの源泉となっている。つまりARMの命令セット・アーキテクチャを採用しておけば、世界中の情報端末で使われているのと同じアプリが使えるようになるということだ。

第１章でも紹介したように、理研・富士通が富岳にＡＲＭアーキテクチャの採用を決めたのも省電力性やアプリの豊富さが決め手となっている。かつてのスパコン開発では計算速度の向上が最優先されたが、その後はスパコンの大型化に伴って電力消費量が原子力発電所１基分を必要とするまで膨れ上がったため、最近はむしろ省電力性が第一に求められるようになった。同じ理由から、中国が現在開発中のエクサ級スパコン３機のうち、少なくとも１機はＡＲＭアーキテクチャを採用している。

さらに今後の自動運転車やドローン、あるいはウェアラブル端末やインターネット、さらにはスマートホームやスマート・シティにいたるＩｏＴ社会において、ＡＲＭは主流アーキテクチャになると見られている。

現時点でＡＲＭアーキテクチャのプロセッサ（半導体チップ）は、世界全体で（スマホに搭載されたものを中心に）１８００億個以上に達する。ＡＲＭは命令セット・アーキテクチャをファブレス企業などに提供しライセンス料を受け取る。さらに半導体チップの売上に応じてロイヤルティ（使用料）収入を得る２段階のビジネスモデルになっている。[4]

２０１６年、ＡＲＭは日本のソフトバンクグループに推定３２０億ドル（約３兆６０００億円）で買収された。以来、ＡＲＭの売上高と営業利益の伸びは期待を裏切り、20年３月に終わった会計年度では、売上高が２０７０億円と前年比２％の微増に止まり、４３０億円の営業赤字を出している。[5] 研究者・技術者など優れた人材の確保や研究開発費などに、巨額の資金を費やしたことが赤字の原因と言われる。

エヌビディアがARMを買収する理由

このARMホールディングスを、半導体業界の新星エヌビディアが2020年9月にソフトバンクから買収すると発表して大きな注目を浴びた。買収額は335億ドル（約3兆5000億円）〜400億ドル（約4兆2000億円）と見られ、株式と現金で支払うという。

ソフトバンクは16年にARMを推定3兆6000億円で買収したが、その後利益を出していない同社を、おそらく買った時よりも若干高い値段で売却することになる。ただし最終的に売買が確定するには、今後、欧米や中国などの規制当局による承認が必要となるため予断を許さない。

一方、この大型買収劇で一躍脚光を浴びたエヌビディアは、台湾生まれの米国人、ジェンスン・ファンCEOらが1993年、カリフォルニア州サンタクララに共同設立した半導体メーカーだ。製造工場は持たずに、プロセッサなど半導体製品の設計・開発のみを行う（前述の）ファブレス企業に該当する。

同社は当初から「GPU（グラフィクス・プロセッシング・ユニット）」と呼ばれる画像処理用のプロセッサ開発を手掛けてきた。GPUはゲーム機に内蔵される他、パソコンなどにも後付けのグラフィック・ボードとして追加されるが、これが入るとビデオ・ゲームの動きが格段に速く滑らかになる。エヌビディア製のGPUはゲームのヘビー・プレイヤーを中心によく売れて、同社は好調なスタートを切ることができた。

が、同社の売上が急カーブを描いて上昇し始めたのは、2010年以降のAIや仮想通貨（暗号通貨）の一大ブームからだ。GPUは汎用のCPUとは異なり、大容量の画像データを（逐次的ではなく）並列に処理する。この並列計算の仕組みが、AIや仮想通貨などのデータ処理にも適していた。

その後もヒートアップするAI・仮想通貨ブームを経て19年、エヌビディアの年間売上高は109億ドル（1兆2000億円）以上に達した。これは王者インテルの720億ドル（7兆5000億円）には遠く及ばないものの、成長の勢いでは明らかにエヌビディアがインテルを上回っている（ただしインテルも20年9月に計上した年間売上高が781億ドルと史上最高を記録するなど、半導体業界全体がコロナ禍のDX需要に沸いている）。

このためエヌビディアの株式時価総額は20年7月に約2486億ドル（26兆7200億円）と、インテルの2485億ドルを上回った。つまり市場価値では、今やエヌビディアが半導体産業のトップという位置付けになる。同社の時価総額は、この10年間で約60倍に高騰した。

このエヌビディアがARMの買収に乗り出した主な理由は、今後も高い成長が期待されるクラウド用の「データセンター」と「AI」の両分野で、両社の技術を組み合わせることがシナジー効果を発揮すると見たからだ。最近のコロナ禍による会社業務のオンライン化に伴い、クラウド・ビジネスが今後さらなる活況を呈することは間違いない。

ＧＡＦＡをはじめ巨大ＩＴ企業が運営するデータセンターには多数のクラウド・サーバーが設置されているが、近年、これらが大量の電力を消費するとして社会的批判に晒（さら）されている。このためサーバー（データセンター）市場でも、省電力のＡＲＭアーキテクチャが求められている。

エヌビディアは今後、自社のＧＰＵ技術とＡＲＭのＣＰＵ技術を組み合わせ、かつてないほどに省電力で大量のデータを高速処理できるＡＩチップを開発する計画と見られている。これは本章の冒頭で紹介した、グーグルやアマゾンが開発中の「ＡＲＭベースの独自プロセッサ」とほぼ同じ趣旨のＡＩチップで、ディープラーニングのような機械学習に最適化された仕様となる。

従来、クラウド・サーバーにはｘ86系のＣＰＵが搭載されることが多かったが、ここに省電力を売り物とするＡＲＭアーキテクチャのＡＩチップで攻勢をかければ、エヌビディアはインテルの牙城を崩して名実ともに半導体産業の盟主になることができる。

他方、半導体業界の関係者からは今回の買収劇によるデメリットも指摘されている。

これまでＡＲＭは業界内で中立的な立場から、どのメーカー（ファブレス企業）にも公平に自社技術をライセンス供与してきた。しかしファブレス企業の一社であるエヌビディアがＡＲＭを傘下に収めることになれば、今後、ＡＲＭの半導体技術がライバル企業に平等に提供される保証はない。つまりＡＲＭの中立性が失われる恐れがあるということだ。

このため業界関係者の間では「ファブレス企業の中には今後、ライセンス料を払わねばならないＡＲＭから、無料で使えるオープン・ソースのＲＩＳＣ－Ｖアーキテクチャに切り替えるところが出てくる」との見方も囁かれている。

ＲＩＳＣ－Ｖはもともと米国のカリフォルニア大学バークレイ校で２０１０年に開発されたもので、その際には米国防総省の傘下にあるＤＡＲＰＡ（国防高等研究計画局）も資金を拠出している。オープン・ソースなので、単に無料であるばかりでなく、その利用に関して拘束条件が少ないことも魅力だ。こうしたことから、同アーキテクチャを推進する団体「ＲＩＳＣ－Ｖインターナショナル」への加盟者数は最近急増している。

米国にとって皮肉なことに、ＲＩＳＣ－Ｖに最も注力しているのが中国だ。同国最大のＥコマース業者であるアリババ集団は19年、ＲＩＳＣ－Ｖに従う高性能のＡＩチップを開発し、これをデータセンターのクラウド・サーバーに導入した。今後、同様の動きが他の中国企業にも広がっていくと見られている。

これらの懸念に対し、エヌビディアのファンＣＥＯは「ＡＲＭのビジネスモデルはきわめて優れている。我々は（買収後も）ＡＲＭの中立性を維持し、世界のあらゆる産業の顧客に技術を提供していく」と述べている。

ＡＲＭはこれまでＩＴ業界の時流にうまく乗ることで自らの存在価値を高めてきた。

２０００年前後までＩＴ分野における技術開発はパソコンが中心だったが、その後はスマートフォンやタブレットのようなモバイル端末、さらに最近ではＩｏＴデバイスへと人々の関心や技術開発の力点が移り変わってきた。この流れに乗ってＡＲＭは自らの足場を固め、勢力を拡大してきたのである。

このＡＲＭに残された最後の、そして最大の課題が、ＩＴ企業のデータセンターに置かれるクラウド・サーバーやスーパーコンピュータのような巨大インフラ市場だ。これは金額的にも、社会に与えるインパクトの点からも非常に大きい。

一方、エヌビディアもまた、インテルを追い抜くためにクラウド・サーバー市場に狙いを定めている。両社の思惑が合致したところで買収の話がまとまったようだ。

80年代に米国を抜いた日本のスパコン技術

こうした中、スパコン市場に進出するためにＡＲＭが手を組んだのは、富岳を開発する理研・富士通の共同チームだった。開発プロジェクトの当初から両者は共に手を携えて、富岳に搭載されるＣＰＵ「Ａ64ＦＸ」の基本設計を進めてきた。

その際、理研・富士通側が提供したのは、日本が長年培ってきた高速計算用の半導体技術だ。

一般に半導体技術はＤＲＡＭやＮＡＮＤ型フラッシュメモリのような「メモリＬＳＩ（記憶用半導体）」と、各種プロセッサ（ＣＰＵやＧＰＵなど）のような「ロジックＬＳＩ（論理用半導体）」の2種類に大別される。

このうち日本メーカーが伝統的に得意としてきたのはメモリＬＳＩと言われるが、実はそれだけではない。日本はロジックＬＳＩも盛んに開発し、特にスパコンを中心とする高速計算用の半導体チップでは、かつて世界でもトップクラスの技術力を誇っていた。それは1980年代、米国の新聞に掲載された以下の記事からも明らかだ。

我が国のハイテク優位性が危機に瀕している（A High-Tech Lead in Danger）
デイヴィッド・E・サンガー、1988年12月18日、『ニューヨーク・タイムズ』

今年の夏、米国のコンピュータ科学者グループが一堂に会して、地球上で最高速の計算機であるスーパーコンピュータにおける日本の躍進を評価した。会議が終わる頃には、科学者たちは日本に対する妬みと少なからぬ恐怖心を胸に抱いていた。

そもそもスパコンは米国が発明した科学技術であり、それを現在のような産業へと育成するまでに20年の歳月を要した。日本は同じことを6年で成し遂げた。会議に参加した専門家らが、富士通、NEC、日立という日本の3大スパコン・メーカーが発売する次世代機を評価した時、「米国がこの分野を大きくリードしている」という幻想は消え果てた。

米国メーカーは全体的には現在のスパコン産業をリードしていると言えるだろう。しかし特定の用途における日本製スパコンの計算速度は、おそらく米国の2大メーカー、つまりクレイ・リサーチとETAシステムズのマシンを凌いでいる。こうした米国メーカーの後退は、1980年代後半に我が国がいくつかの重要な種類の半導体製品の製造から、徐々に撤退し

たことが主な原因であると専門家らは結論付けた。（中略）
日本が自らの技術に磨きをかけていた頃、スパコンは世界のテクノロジー超大国の間における、新しい、そしてより複雑な競争の象徴となっていった。それは貿易政策と国家安全保障が絡み合った戦いであり、商売には熱心だが軍事には消極的な日本がひときわ神経質になる問題でもあった。
日米両国は互いに「相手が我々の製品（スパコン）を国内市場から締め出している」と主張し、双方の言い分とも正しく見える。両国にとって、スパコン開発という一種芸術的な分野における卓越性は、強力な半導体技術と創造的なソフトウェア、そして想像力に富むエレクトロニクス設計などが交じり合った、言わば国家のプライドとアイデンティティを賭けた問題なのである。（中略）
双方とも自らの強みに注力している。日本はソフトウェア技術にかなりの改善が見られるとはいえ、その強みは相変わらず、より高速の集積回路を作るハードウェア技術だ。つまり高速のメモリや論理チップであり、それらが結合した「ベクトル型」と呼ばれる強力なプロセッサだ。これは特定の問題をいくつかの演算ユニットに分割し、多数の計算を同時に実行することができる。
一方、米国の強みは優美なシステム設計と秀でたソフトウェア技術にある。クレイやETAは単体の高速プロセッサを作ることよりも、むしろ「並列コンピューティング」と呼ばれる新たな高速計算の手法へと移行しつつある。これは単一の問題を複数の小問題へと分割し、これらを8個、16個、あるいは64個といった多数のプロセッサに同時に処理させる方式だ。
日本のスパコン・メーカーは並列コンピューティングの商用化には背を向けた。なぜなら、彼らは多数のプロセッサを協調させて動かすために必要なソフトウェア技術で米国などに非常な遅れをとっているからだ。（中略）
米商務省とペンタゴン（国防総省）はMIT（マサチューセッツ工科大学）を説得して、ほぼ納入が決まっていたNEC製スパコンから手を引かせた。政府高官は日本メーカーが米国市場で、ダンピングによる不当に安い値段でスパコンを売っていると主張している。（中略）政府系研究所や諜報機関は米国におけるスパコン市場全体の3分の1を占めているが、彼らの中で日本製スパコンを購入したところは一つもない。（中略）
一方、米国のスパコン・メーカーも日本市場が彼らに対し閉鎖されていると不満をこぼしている。しかし昨年、日本の中曽根康弘首相（当時）はレーガン政権からの圧力に晒され、NTTなど（事実上の）公的団体にクレイ製スパコンを何台か買わせることになった。（後略。訳は著者）

以上、『ニューヨーク・タイムズ』の記事で描かれていたのは、80年代における日米ハイテク摩擦、中でもスパコンをめぐる軋轢（あつれき）の様子だ。

当時、一向に解消されない日米間の貿易不均衡に業を煮やしたレーガン政権は、毎年巨額の設備投資を行うＮＴＴに狙いを定め、１台10億〜20億円とも言われた米クレイ・リサーチのスパコンを同社に購入させるべく、中曽根政権を通じて働きかけてきた。ＮＴＴは政権の要請に応じてスパコンを数台引き受けたが、実際に購入したのは同社と関係が深かったリクルートだった。

これらクレイ製スパコンにリクルートが支払ったお金は総額約30億円と見られたが、この程度の額では巨額の貿易不均衡を解消するには「焼石に水」であることは明らかだ。レーガン政権は自国のスパコンを押し売りする一方で、より構造的なハイテク摩擦解消策を日本政府に迫っていた。それが86年に始まる日米半導体協定であり、これを契機に日本の半導体、ひいてはエレクトロニクス産業が衰退の道を辿ったことは既述の通りだ。

日本製スパコンのレガシーが富岳に受け継がれる

しかし、それでも日本で発達した高速計算用の半導体技術は生き残り、今に至るまで富士通やＮＥＣなど一部のエレクトロニクス・メーカーの間で脈々と受け継がれてきた。

それが『ニューヨーク・タイムズ』の記事でも紹介されていた「ベクトル演算」、別名「ＳＩＭＤ（Single Instruction, Multiple Data）」と呼ばれる技術だ。これは一つの演算命令を同時に複数のデータに適用する並列化の方式で、独特の超高速計算を可能にする。

ベクトル型のスパコンは１９７０〜８０年代にスパコンの代名詞となった米クレイ・リサーチ

が先鞭をつけ、その後、NECをはじめ日本メーカーが開発したスパコンも基本的にこの方式に従っていた。これらベクトル型のスパコンは確かに高速だが、「カスタムメイドの高級品」のようなところがあって開発に巨額の資金が必要とされた。

一方、パソコンなどに搭載される市販マイクロプロセッサの能力が、いわゆるムーアの法則に従って急速に向上。スパコンの世界でも90年代後半からは、こうした廉価のマイクロプロセッサを多数並列に接続して超高速計算を実現する「マルチ・プロセッサ方式」が主流になっていった。これにつれて、開発にお金のかかるベクトル型のスパコンはほとんど作られることがなくなった。

しかし、それから優に10年以上の歳月を経た2014年の「ポスト京（後の富岳）」プロジェクトの正式開始に当たって、理研と富士通の共同チームはあえて本格的なベクトル型のプロセッサを復活させる決断を下した。その理由は最近の半導体技術のさらなる向上によって、もともとスパコン用に開発されたカスタムメイドの超高級プロセッサも、かつてほどにはお金をかけずに作れるようになってきたからだ（ただし富岳はマルチ・プロセッサ型のスパコンなので、個々のプロセッサのコストを抑えても、全体の開発費用は巨額にならざるを得ない）。

今回、富岳プロジェクトで新たに開発されたのは「SVE（Scalable Vector Extension）」と呼ばれる技術だ。これはA64FXのようなプロセッサの設計段階で、並列計算用の特殊な記憶領域である「ベクトル・レジスタ」の長さを自由に変更できる仕組みだ。理研・富士通とARMホールディングスの緊密な連携によって実現された。

これにより産業各界におけるシミュレーションの自由度が一気に高まると同時に、ディープラーニングなどＡＩ分野でもデータ処理速度の飛躍的向上、さらには製品開発の幅が大きく広がることにつながる。

このＳＶＥ技術は富岳のようなスパコンに止まらず、スマホやＩｏＴ端末などさまざまな情報機器への応用が可能だ。それはまた、ＡＲＭ標準の機能として富士通以外のメーカーやＩＴ企業などにも提供されるという。

スパコンの頂点・富岳の裾野に広がる新たな基幹産業

富岳で復活したベクトル演算と同様の技術は、日本のＡＩスタートアップ企業「Preferred Networks（ＰＦＮ）」が開発したスパコンＭＮ－３も採用している。このスパコンに搭載されている「ＭＮ－Ｃｏｒｅ」は、大規模なＳＩＭＤ型演算ができるカスタム・プロセッサだ。

第１章でも紹介したように、ＭＮ－３は２０２０年６月に発表された世界スパコン・ランキングのＧｒｅｅｎ５００部門で１位にランクされ、同年11月のランキングでも米エヌビディア製のスパコンに次ぐ２位につけた（本来、半導体メーカーのエヌビディアはスパコンも自主開発している）。

11月の世界ランキングでは、１位のエヌビディア製マシン「スーパーＰＯＤ」が１ワット当たり26・195ギガ・フロップス（毎秒２６１億９５００万回の浮動小数点演算）、２位のＭＮ－３が同26・039ギガ・フロップスとまさに紙一重の僅差だった。

ちなみにTOP500やGreen500をはじめ世界ランキングは、スパコン・メーカー各社が自社工場などで開発した実機の各種性能を測定して、この結果の順位付けを担当する米独の研究者らに報告する自己申告制で決まる。

エヌビディアやPFNなどライバル同士は日頃から互いに相手の実力をかなり正確に把握しているので、特に僅差で順位が決まりそうな場合、少しサバを読むなど不正申告の恐れもあるように思われる。が、実際には測定結果が怪しいと見られる時には、ランキングの担当者がメーカーの測定現場まで足を運んで、あらためてその目で確かめることになっている。このため過去に不正申告が起きたことは一度もないという。

11月のGreen500では僅差で涙を呑んだものの、PFNはここ数年HPC（高性能計算）分野で屈指の研究者・エンジニアらを採用してMN－3を開発してきた。おそらく彼らが長年培った日本の伝統的技術が、同社のスパコンには活用されているはずだ。

このPFNはもともと先端AIのディープラーニングのようなソフトウェア技術の開発を得意とし、世界的にも高い評価を得ている。

しかし本来、ソフト開発を手掛けるAI企業がなぜ、今あえてスパコンMN－3やそれに搭載されるプロセッサMN－Coreのようなハードウェア開発に乗り出したのか？　その理由について同社・計算基盤担当の責任者は「ハードウェアの制約に合わせてソフトを書くというのは、我々の業界では、ある意味普通ですが、そこをいったん逆転の発想というか、ソフトのことを考えたハードを自分たちで作ってもいいんじゃないか、と考えた結果です」と語る（詳細は本章末尾のインタビュー）。

「パーソナル・コンピュータの父」と呼ばれる米パロアルト研究所の伝説的な科学者、アラン・ケイ氏は「未来を予測する最善の方法は、それを発明することだ」など秀逸な警句で知られるが、エンジニアのような専門家向けには「ソフトウェアに対して本当に真剣な人は独自のハードウェアを作るべきだ」という発言がある。

ＡＩ用のスパコンを自主開発したＰＦＮは、まさにケイ氏の教えを実践したことになる。ソフト開発を起点にしてハードの領域へと攻め込んでいく姿勢は、従来のハードを得意としてきた日本メーカーとは対照的なアプローチだ。

ＰＦＮのように下は計算機（ハード）の部分から、上は顧客企業に届けるソフトウェアやソリューション・ビジネスまで全部カバーできる会社は世界的にもなかなか見当たらない。ここに勃興する日本のハイテク企業が再び世界市場に進出していく可能性が感じられる。

富岳やＭＮ－３の開発プロジェクトを通じて、日本の半導体技術はロジックＬＳＩでも世界のトップレベルへと復活したことが見て取れる。ＡＲＭとの連携により、その技術は単にスパコンのようなＨＰＣ分野に止まることなく、スマホやＩｏＴ、クラウド・サーバーなどＩＴ産業全般への応用が可能だ。

本章の冒頭で紹介したＧＡＦＡの動きに見られるように、こうした先進の半導体技術は今後さらなる発展が期待されるAIビジネスでも競争力を育む中核的なテクノロジーになる。

日米半導体協定など「電子立国」崩壊後の長い雌伏期間を経て、日本のハイテク産業界にようやく復活の兆しが見え始めている。

参考文献

1 『生産性』、伊賀泰代、ダイヤモンド社、2016年
2 "Amazon and Apple Are Powering a Shift Away From Intel's Chips," Don Clark, The New York Times, December. 1 2020
3 「日米半導体協定の終結交渉の舞台裏、『まさに戦争だった』　第1回　失われた10年」、日経XTECH、2020年2月10日（『日経エレクトロニクス』11年10月17日号に掲載された記事を再構成・転載したもの）
4 「Interview　英アーム　スマホからスパコンまで拡大　『低消費電力の設計が強み』」、内海弦　アーム日本法人社長、『週刊エコノミスト』2020年10月6日号
5 「ソフトバンクにアーム売却観測、孫会長が見たIoTの夢」、Alec Macfarain、Reuters、2020年7月16日

富岳の「使いやすさ」は米中スパコンを圧倒

——性能ランキング「TOP500」創始者に訊く

ジャック・ドンガラ（テネシー大学・計算機科学科　特別栄誉教授）
Jack Dongarra, University Distinguished Professor, University of Tennessee, Department of Electrical Engineering and Computer Science

——1993年にスパコンの性能ランキングTOP500を始めたきっかけは何ですか。

話は70年代後半までさかのぼります。当時、私は同僚らと共同でコンピュータの性能（計算速度）を測定する「LINPACK」というベンチマーク・テストを考案しました。

一方、私の海外の研究仲間であるドイツ・マンハイム大学のコンピュータ科学者、ハンス・モイアー教授は86年にスパコンのピーク性能にもとづく順位リストを編纂しました。ただ、ピーク性能とはコンピュータの基本スペックから理論的に導き出される計算速度に過ぎません。つまり本当は、そこまでのスピードは出ないのです。

そこで我々は相談して、単なる理論性能ではなくベンチマーク・テストにもとづく実測性能（実効性能）のランキングを始めることにしました。93年には世界のスパコン上位５００の実測データが集まったので、それにもとづく順位リストをＴＯＰ５００と名付けて発表しました。以降、このリストを毎年６月と11月の２回更新し、国際会議の場で発表してきました。

――歴史的に見て、スパコンの技術的トレンドはどのように変化してきましたか。

そもそもスーパーコンピュータとは科学技術計算を主な目的とし、「同時代の一般的なコンピュータより桁違いに高性能な計算機」と言うことができます。

既に60年代には軍事用に初期のスパコンが開発されましたが、これらは最終結果を出すまでに必要となる多数の計算を一個ずつ順番（逐次的）に行っていく「スカラー型」のプロセッサ（ＣＰＵ）を搭載していました。これをスカラー型のスパコンと言います。

70年代には当時スパコンの代名詞ともなった米クレイ・リサーチ社が「ベクトル型」のプロセッサを完成させました。ベクトル型とは演算ユニットを並列化してデータ処理を高速化する方式です。これにより「核爆発のシミュレーション」や「暗号解読」、あるいは「気象予測」や「油田探査」などさまざまな用途に必要な大規模計算を高速で行うことができます。

このようなベクトル型のスパコンは80～90年代の主流になりました。ＮＥＣの「ＳＸシリーズ」や富士通が現在のＪＡＸＡと共同開発した「数値風洞」など、当時世界的に高く評価された日本製スパコンはいずれもベクトル型です。ただ、ベクトル型のプロセッサは言わば「カスタムメイドの高級品」であり、その開発に巨額の資金を要するのが難点でした。

そうした中で、いわゆるムーアの法則（Moore's law）に従ってパソコンに搭載されるCPUが年々性能を上げていきました。そこで1990年代後半になると、これら安い市販プロセッサ（commodity processor）を何千、何万個と並列に接続して高速計算を可能にする「マルチ・プロセッサ方式」のスパコンが登場しました。これらに搭載される多数のプロセッサは、今でも市販製品が使われることもあれば、スパコン用に独自開発される場合もあります。

さらに個々のプロセッサは、今では「コア」と呼ばれる演算ユニットを多数内蔵しています。これらは「マルチ・コア、マルチ・プロセッサ方式」のスパコンと呼ばれます。最近はそこに米国のエヌビディアに代表される「GPU（グラフィクス・プロセッシング・ユニット）」など加速部を組み合わせることで、一層の高速化を図る方式も一般化しています。これが現在のスパコンの主流となっています。

──ムーアの法則は限界に近づいた、と言われて久しいですが、これに対するあなたの見解を聞かせてください。

米インテル共同創業者の一人、ゴードン・ムーア氏が1965年の論文で提唱したムーアの法則は一般に「一つのチップ（CPUやメモリなど）に作り込まれるトランジスタの数が18ヵ月〜2年で倍化する」と捉えられています。

しかし、これと並ぶ、もう一つの重要な法則は、米IBMの研究者、ロバート・デナード氏が

74年の論文で提唱した「デナード則（Dennard scaling）」です。これは、ごく簡単に言うと「一つのチップに作り込まれるトランジスタの数が増加すると、ＣＰＵの動作はそれに比例して速くなり、その値段は低下する」という法則です。

そこでムーアの法則とデナード則を組み合わせると、「ＣＰＵを搭載したコンピュータは年々、指数関数的に計算速度を上げると同時に値段が安くなる」という結論が導かれます。これは当時の半導体やコンピュータ業界の関係者にとって、まさに夢のような話でした。この法則に励まされて、彼らは毎年巨額の投資を継続的に実行し、それによって驚異的な技術革新を成し遂げてきたのです。

その後、ムーアの法則はスローダウンしたものの、まだ続いています。しかしデナード則はおそらく２００５年頃に終焉したのではないか、と見られています。これはチップに作り込まれるトランジスタのサイズがどんどん小さくなった結果、電流漏れが生じて過剰な熱量を発生してしまうからです。このため、従来のようにＣＰＵのクロック周波数を上げて、その計算速度を上げることができなくなりました。

これに対処するため、現在のＣＰＵメーカーはクロック周波数をほぼ一定に保ったままマルチ・コア方式を採用して性能を上げています。このやり方は今のところうまくいっていますが、いずれ限界にぶちあたるかもしれません。

――ＬＩＮＰＡＣＫに対する、あなた自身の現在の率直な評価を教えてください。

ＬＩＮＰＡＣＫが考案された１９７０年代と現在とでは、（スパコンなどによる）コンピューティングがガラリと変わってしまいました。

当時は科学技術計算に必須の浮動小数点演算、つまり算術演算は非常に高価な（＝限られた）計算資源でした。すなわちスパコンに何らかの仕事をさせる際には、この部分がボトルネックになっていたのです。ＬＩＮＰＡＣＫはこうした算術演算の能力を測定するベンチマーク・テストですから、当時は時宜にかなったものでした。

しかしムーアの法則などに従ったプロセッサの高速化によって、今日では算術演算はあり余るほどの計算資源になりました。今では、むしろ「データの移動（data movement）」のほうが高価な資源なのです（データの移動とは、メモリやハードディスクなど記憶装置とＣＰＵの間でデータをやりとりすること）。ここが今のスパコンではボトルネックになっていますが、ＬＩＮＰＡＣＫは本来そのためのテストではありません。

「データの移動」に関する能力を測定するには、むしろＨＰＣＧという比較的新しいベンチマークのほうが適しているでしょう。

富岳は米中のトップ・スパコンより実用性が高い

――お世辞抜きで、富岳に対するあなたの評価を教えてください。

これは凄いマシンです。お世辞ではありません。

現在、スパコンの多くはインテル製など市販プロセッサを採用しています。これに対し富岳では、ＡＲＭベースのカスタム・プロセッサ、つまり最初からスパコン用に独自開発した「Ａ64ＦＸ」というＣＰＵを搭載しています。

Ａ64ＦＸにはきわめて興味深い特徴があります。それはベクトル型の命令を実行できることです。先ほど申し上げたようにベクトル型のスパコンは80～90年代の主流でしたが、富岳はこの方式をある程度まで復活させたと見ることができるでしょう。

もちろん基本的には富岳も「マルチ・コア、マルチ・プロセッサ方式」の現代的なスパコンですが、そこにかつてのベクトル方式を組み合わせることで、より高速かつ高効率なＨＰＣ（高性能計算）を実現したのです。

また多数のＣＰＵをつなぐ「インターコネクト」のスピードも申し分ありません。これらが相俟ってＴＯＰ５００をはじめ４部門のタイトルを独占することにつながったのでしょう。

あえて難を言えば、前述の「データの移動」の点では今一つですね。ただ、これは富岳に限ったことではなく、現在のスパコン全体が抱えている問題でもあります。

――現在、米国で最速のスパコン、サミットを評価してください。

これはとても強力なマシンです。同じくマルチコア、マルチ・プロセッサ方式でＩＢＭ製のプロセッサとエヌビディア製のＧＰＵを多数搭載しています。これは長所でもあり、短所でもあります。

なぜならGPUはマシンの計算能力を大幅に増強してくれる一方で、逆に、うまく使えないとマシン全体の性能が低下してしまうからです。そのようなプログラムを書くことは、必ずしも容易ではありません。つまり非常にパワフルなマシンですが、十分に使いこなすためには、それなりの工夫が必要ということです。

——現在、中国で最速のスパコン神威・太湖之光を評価してください。

これは中国独自のプロセッサを採用した非常にユニークなマシンですね。このプロセッサは世界の多くのスパコンが採用しているものとはまったく異なっています。きわめて興味深い設計になっていて、その性能を十分に引き出すためには特殊なプログラミングが要求されます。逆に、それができなければ、このスパコンはそれほど良い仕事をしてくれません。

——これら日米中のトップ・マシンを比較評価してください。

やはり富岳がナンバーワンと言えるでしょう。LINPACKベンチマークで計測した実測性能（実効性能）がピーク性能（理論性能）の実に81％に達するからです。一方、サミットは74％、神威・太湖之光も同じく74％ですから、富岳のほうが明らかに上ですね（第1章図1参照）。

ピーク性能とは要するに商品カタログに記された公式スペックのようなものですから、実測性能はそれよりも大分落ちてしまいます。逆に言うと、実測性能がピーク性能に近いほど「看板に偽りなし」ということを意味するわけです。富岳はまさにそれに該当します。

この違いがさらに際立つのはHPCGというベンチマーク・テストの結果です。HPCGはアプリケーション性能、つまりスパコンに実際の仕事をやらせた時の性能の目安となるテストです。ここでもピーク性能と実測性能の比率を見ると、富岳は２・６％です。ずいぶん低い、と思うでしょ。ところがサミットは１・５％、神威・太湖之光に至ってはわずか０・４％ですよ。

ここから言えることは、神威・太湖之光やサミットを実際のアプリ（仕事）に使おうとすると、そのピーク性能を引き出すことは非常に難しい。富岳はそれに比べれば、大分マシということです。

富岳の値段と中国スパコンの実力

――富岳はＧＰＵのような加速部を使わずに、Ａ64ＦＸという汎用プロセッサで統一しました。一方、米中のトップ・スパコンは加速部を採用しています。あなたは、どちらの方式を支持しますか。

方式が違えば、長所・短所も違ってきます。米中のスパコンのように加速部を採用すれば、計算のスピードは確かにアップしますが、その分、プログラムを書くのが難しくなるという問題がありますね。つまり汎用プロセッサ向けと加速部向けのプログラムを別々に書くと共に、両者の間でデータを移動させる手間も生じてしまいます。

これに対し富岳では一本のプログラムを書くだけでいいので、プログラマーなどの仕事が非常にシンプルになりますね。これは富岳の長所の一つだと思います。

――米国が現在開発中の次世代スパコン、オーロラの費用（予算）は約6億ドル（約630億円）、これに対し富岳は約12億5000万ドル（1300億円）です。このため「富岳は割高だ」との批判もありますが、日本の関係者に話を聞くと「米国と日本では予算の計算方法が違うだけで、実際のコストはほぼ同じ」と言います。これは本当でしょうか。

実際、そうかもしれませんよ。と言うのも、オーロラの6億ドルという値段は実はハードウェアの開発製造コストに過ぎないからです。しかし実際に使えるマシンにするには、その上にOSや各種アプリのようなソフトウェアを搭載する必要があります。

また、それ以外にもいろいろな追加コストがかかりますよね。ですから、それらを全部足し合わせると、その2倍くらいになってもおかしくない。私は日本側がどのようなコスト計算をしているか存じませんが、日米で実際の費用が同程度になっても驚きませんね。

――米国のトランプ政権（当時）は自国技術の中国への輸出制限をかけていますが、これは中国のスパコン開発に相当大きな悪影響を与えているでしょうか。

いや、私は逆にプラスの影響を与えていると思いますね。と言うのも、米国の技術が使えなくなれば、中国は独自の技術やアーキテクチャに投資するからです。実際、そうした動きは既に進んでいますよ。中国でこれから登場する次世代スパコンはどれも中国独自の技術にもとづいたものになるでしょう。つまり中国がまったくの自力でスパコンを作れるようにしてしまった、という点においてトランプ政権の政策は完全な過ちであったと私は思います。

――日本のコンピュータ科学者によれば、中国が開発したスパコンは高速だが、とても使いにくい、あるいは使い物にならない「ショウケース・マシン」といいます。この意見にあなたは同意しますか。

中国のスパコンが「使いにくい」という点は同意しますが、それはサミットのような米国のスパコンでも同じです。両者は同じくらい使うのが難しい。しかし、中国のスパコンが「ショウケース・マシン」であるとは思いません。中国の科学者は自国のスパコンを使って実際の問題に取り組み、研究成果を上げて非常に高く評価されていますよ。

――どんな事例がありますか。

毎年ACM（米国計算機学会）が授与する「ゴードン・ベル賞」という有名な賞があります。これはHPCアプリケーションにおいて過去の事例を上回った研究成果に与えられます。中国の研究者は2017年に神威・太湖之光を使い、地震シミュレーションで優れた業績を上げて同賞を受賞しています。

スパコンの用途は移り変わっている

――かつてのスパコンは主に軍需や学術用に使われましたが、最近は産業用に使われることが多くなったと聞きます。この辺りを少し詳しくご説明いただけないでしょうか。

「軍需と学術、産業」というより、我々はむしろ「リサーチと学術、産業」といった分類をして

図3——世界のスパコンTOP500の利用分野の割合

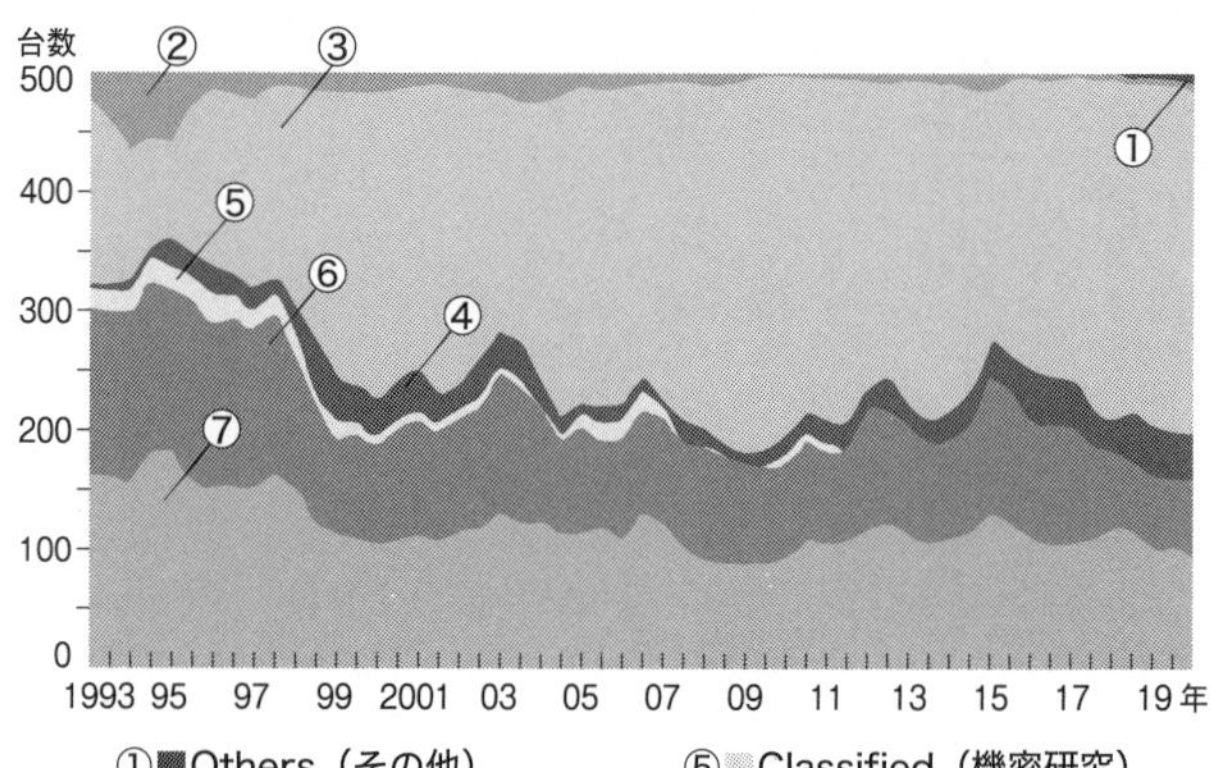

①■Others（その他）
②■Vendor（販売会社）
③■Industry（産業・企業）
④■Government（政府機関）
⑤■Classified（機密研究）
⑥■Academic（学術）
⑦■Research（研究・調査）

資料提供：Jack Dongarra

います。個人的な立場から申し上げますと、私はテネシー大学での教職以外に米エネルギー省傘下のオークリッジ国立研究所でも働いていますが、エネルギー省は多数の研究所を傘下に収めています。

　そのうちロスアラモス国立研究所など3つの研究所は兵器関連など「軍事研究」を担当しています。一方、私のいるオークリッジ国立研究所など3つの研究所は「オープン・サイエンス」と総称される非機密研究を担当しています。そこには「エネルギーの貯蔵」「バイオ燃料」「次世代原子炉」「ナノ・サイエンス」などさまざまなテーマが含まれます。

　かつては、これら「リサーチ」と「学術」を合わせて世界のスパコン利用全体の約6割を占めていましたが、確かに今ではそれが逆転して「産業」が約6割を占めています（図

３）。逆転した理由は、産業界がスパコンをビジネスに導入することの価値に気付いたからでしょう。たとえば「航空機の空力設計」「量子化学」「材料研究」「データマイニング」「ノイズ削減」など数え切れないほどの用途があります。最近は特にディープラーニングなどＡＩ分野でスパコンの利用が活発になっていますね。

——今、私たちが使っているスマホは20年ほど前のスパコンと同程度の性能を持っている、とよく言われます。でも、それは逆に言うと、所詮は今のスマホと同程度のマシンを20年前はスパコンと呼んでいたわけです。つまりスパコンの性能はかなり誇張されてきた、と思いませんか。

いいえ、そうは思いません。確かに今、私たちが使っているスマホやラップトップ（パソコン）はかつてのスパコンよりも高速です。しかし現在のスパコンはかつて想像することさえできなかった難問を解決する能力を持っています。それは今あるラップトップやスマホを何台かき集めても解けませんよ。

——世界のスパコン開発は今、次世代のエクサ・スケール（毎秒１００京回の科学技術計算を行う能力）に向かって突き進んでいます。このエクサ級の性能を実現する際の課題は何ですか。

多くの課題がありますが、その一つは「消費電力の抑制」です。富岳の消費電力は約28メガ・ワットですが、仮にこれと同じ技術でエクサ・スケールのスパコンを作ったとすれば、その消費電力は２００メガ・ワットにも達してしまうでしょう。

ちなみに１メガ・ワットの電力消費量をお金に換算すると年間約１００万ドル（約1億円）に

なります。つまり200メガ・ワットのスパコンは年間約2億ドル（約200億円）の電気料金を請求されることになりますから、これは現実的とは言えませんね。ですから、是が非でも消費電力を抑える必要があります。

これに次ぐ大きな課題は（スパコンの）並列プログラミングでしょう。現在のマルチ・コア、マルチ・プロセッサ型のスパコンの性能を最大限に引き出すには、特殊な並列処理の技術が要求されます。時に数百万個にも及ぶコア（計算ユニット）をオーケストラの指揮者のように調和させながら動かすためのプログラミングは困難を極めます。エクサ・スケールになれば、この問題が一層クローズアップされるでしょう。

――エクサ・スケールのスパコンが完成すれば、結局何ができるようになるのですか。

今の時代なら「コロナ感染」や「がん」などの治療法（特効薬）を開発できるようになる、とでも言いたいところですが、そんな約束はしないほうがいいでしょう。確かにスパコンはこの種の問題に取り組むためにも使われてきましたが、人類が現在直面しているきわめて困難な問題に即効性のある解決策を提示してくれるとは必ずしも断言できません。

現時点で確実に言えることは、（スパコンによる）シミュレーションは現代科学における理論、実験と並ぶ第3の柱であり、「気象予測」や「新型エンジンの開発」、あるいは「銀河の衝突の研究」など多彩な領域で必須の存在になっていることです。エクサ・スケールのスパコンはこれらの研究開発を次の段階へと押し上げるものなのです。

――スパコンは近い将来、どのような方向に進化していくと思いますか。

異なる社会のニーズに向けて、異なる種類のプロセッサを搭載する方向に進化していくでしょう。汎用的な数値計算を担当するＣＰＵ、あるいはＡＩ処理用の脳を模倣したニューロモーフィック・プロセッサ、ひょっとしたら量子計算用の特殊なアクセラレータ（加速部）なども開発され、これらが１台のスパコンにまとめて搭載される時代が来るかもしれません。これによって細分化する社会のさまざまな用途に対応した、まさにスーパーコンピュータの名にふさわしい計算機が生まれるでしょう。

（２０２０年10月14日取材）

interview

逆転の発想から生まれた注目AI企業の自主開発スパコン

土井裕介（Preferred Networks・執行役員 計算基盤担当VP）

ハードとソフトの両面から攻める

――御社はもともと先端AIであるディープラーニングのようなソフトウェアを開発する会社と理解しておりましたが、なぜここにきてMN－3のようなスパコンや、そこに搭載されるAIチップ（プロセッサ）などハードウェア開発に乗り出したのでしょうか。

実は当社社長の西川徹は「コンピュータを作る」という、ある種の夢を当初から抱いており、そのために会社を立ち上げたというのが、根本的なモチベーションとしてあったと聞いています。

もう一つ大きな理由は、事業の根幹にコンピューティングがあり、計算機クラスター（複数の計算機を結合し、一つの集団にしたシステム）をそろえることが競争力につながります。今後さらに計算機の量と質が重要になっていくだろうという読みもあり、会社のポジションを作っていくためにも自社でハードウェアの開発を始めました。

――つまりディープラーニングで性能を出すためには、ソフトだけではなくてスパコンやプロセッサのようなハードも開発していかなければいけない、ということですか。

ＰＦＮの強みはソフトウェア開発であり、そのソフトウェアの力でハードウェアの可能性を最大限引き出すことができると考えています。しかし、残念ながらハードウェア屋さん（半導体メーカーなど）は我々のようなソフトウェア屋に対して、どういう処理が実行されているか、細かい仕様を開示してくれません。

たとえば米インテルなら、同社製ＣＰＵのマイクロ・アーキテクチャ（具体的な設計図）の詳細は我々には知らされません。この点については米エヌビディアも同様です。

その結果、ディープラーニングのソフトを開発する際にどうやると性能が出て、どうやると性能が出ないのか、という部分がわからないケースが出てくる。ソフトで「こうしたい」と言った時に、ハードウェアの制約が付きまとうからなんです。

もちろん、ハードウェアの制約に合わせてソフトを書くというのは、我々の業界ではある意味普通ですが、そこをいったん逆転の発想というか、ソフトのことを考えたハードを自分たちで作ってもいいんじゃないか、と。要はソフトのことを考えたハードを作り、ハードの性能を最大限引き出すソフトを作る。言わばソフト屋とハード屋の共同デザインみたいな形ですが、そこをきちんとやることで我々の強みにできるのではないかと考えています。

——御社は、そうした発想の下に開発されたスパコンＭＮ－３を今後、どのような目的で、どう使用していく計画でしょうか。また他社にもスパコンの計算資源を提供していくビジネスモデルを考えていますか。

ＭＮ－３は48台の計算機が集まったソフトウェアの開発基盤です。実際、ハードウェアだけ作っても、それを動かすソフトがなければ、ただの箱なので、そのソフトを作るというのが、まずやらなくてはいけないことです。

そこから先は当社の研究開発のワークロード（業務）をＭＮ－３に載せていく計画です。主に画像処理系で良いモデルを作るといった業務ですね。これには計算機の力がかなり必要なので、まずはそこを狙ってＭＮ－３を活用していきます。

他方、ＭＮ－３の計算資源を他社に提供していくビジネスモデルは現時点では考えていません。と言うのも、一般に提供するとなると「周辺のソフトウェア」や「使い勝手の向上」などさまざまな環境を整備する必要があり、それほど容易にできることではないからです。それよりも、我々としてはまず自社の研究開発に活用していきたいと考えています。

ＡＩチップとは何か

——ＭＮ－３に搭載されたＡＩチップ（プロセッサ）「ＭＮ－Ｃｏｒｅ」も自社開発されましたが、その特徴は何でしょうか。そもそもＡＩチップとは何を意味するのでしょう。

まず「ＡＩチップとは何か？」というご質問ですが、私個人の考えでは「ディープラーニング専用のプロセッサ」以上の意味はないと思っています。そしてディープラーニングで使われる計算は、その大部分が「行列の計算」です。

たとえば画像処理の分野では、「コンボリューション（畳み込み演算）」と呼ばれる計算が繰り返し実行されます。これは「３×３」や「５×５」など小さい行列を、各画素に掛け合わせていく計算ですが、これが非常にヘビーな作業になります。

ディープラーニングでは、そういった行列計算を繰り返し行うので、それに適した回路の構成があるわけです。一方、ＧＰＵは「グラフィクス・プロセッシング・ユニット」の呼称からわかるように、もともとはビデオ・ゲームなどの画像処理用に開発された専用プロセッサです。

こうした画像処理にも行列計算が多用されるので、ある時ＡＩ研究者が「これはディープラーニングの行列計算にも応用できる」と考え、ここからＧＰＵがＡＩ分野でも使われるようになりました。

しかし、グラフィック処理（画像処理）には行列計算以外の作業も必要です。そのためのさまざまな周辺回路をＧＰＵは内蔵していますが、これらはディープラーニングには不要なので、ＡＩチップにはこうした余計な回路は内蔵されていません。

――つまりＡＩチップとは「ディープラーニングに特化するために、ＧＰＵから余分な機能（回路）を削ぎ落としたプロセッサ」という理解でいいのでしょうか。

思想的にはＡＩチップでは余分な機能がないというのは事実ですが、ＧＰＵとＡＩチップとではもともとの設計が根本的なところで違います。

通常ＧＰＵですと、内部設計が隠蔽されているので、プログラマーがソフトウェアを書きやすくなる面もありますが、その分、性能は出しにくくなるんですね。

これに対しＰＦＮが神戸大学と共同開発したＡＩチップの一種であるＭＮ－Ｃｏｒｅは、チップ内部の階層構造におけるデータの移動など、かなり細かい部分まで制御可能になっています。逆に言うと、その制御を間違えれば計算ができません。そういう意味ではプログラマー泣かせのプロセッサでもありますが、高いスキルを持った技術者であれば最大限に使いこなして、性能をフルに引き出すことができるはずです。

――グーグルも以前からＴＰＵと呼ばれるＡＩチップを開発していますが、ＭＮ－Ｃｏｒｅはそれとも共通性があるのでしょうか。

ＭＮ－ＣｏｒｅとＴＰＵはチップの作りはかなり違うのですが、行列計算に特化しているという点では似ている部分はあると思います。

ちなみにＴＰＵはもともとディープラーニング用ではなくて、グーグル検索エンジンのベースにあるページランク・アルゴリズムの計算などを想定して作られたと聞いています。ページランクも実は行列計算なので、この点は共通している。実際のところはわかりませんが、ＴＰＵをディープラーニングにも応用してみたところ、これが見事にハマったというふうに理解しています。

もちろん今のバージョンのＴＰＵは、最初からディープラーニングを想定して開発されていると思いますが。

移り変わる世界で競争力の源泉は

――米アマゾンも今では、そうしたＡＩチップを開発していると聞きました。ディープラーニングの世界は今、ソフトウェアからチップ開発のようなハードウェアの方向に関心がシフトしているのでしょうか。

シフトと言うより、「広がっている」と言うほうが適切でしょうね。もともとディープラーニングは機械学習屋さんのようなソフト開発業者がやっていたのが、やがてプロセッサの使い方が重要だということになって、計算機屋さん（ハード・メーカー）も参入してきた。

それでも最初はプロセッサにＧＰＵのような汎用製品を採用していたが、ディープラーニングがますます大量の計算を要求するようになってきたことで、ＡＩチップのような専用プロセッサの市場が立ち上がってきた――そういう流れだと思います。

――最近のＡＩ業界では、競争力の源泉がＭＮ‐Ｃｏｒｅのような ＡＩ専用のハードウェアになってきている。つまり、そこが強ければＡＩ企業の競争力がアップするという見方も成立するでしょうか。

そういう側面もあると思いますが、それだけではやはり不十分でしょうね。確かにチップ・べンダーや計算機メーカーであれば、それでいいかもしれません。しかし我々にはクライアント（顧客企業）の課題を解決したり、いずれは「お片付けロボット」のように現場の課題を解決することが求められている。

　これらさまざまな問題にディープラーニングをどう応用していくか、というのがＰＦＮの企業価値の根本にあるわけです。そのために必要なコンポーネント（構成要素）の一つとして、ＡＩチップやそれらを搭載したコンピューティング・クラスターがあると考えています。

――ＭＮ－Ｃｏｒｅはたとえば「お掃除ロボット」や「工場で働くヒューマノイド」など次世代ロボットにも搭載可能でしょうか。

　今のバージョンは単体で５００～６００ワットとかかなり大量の電力を消費するので、あまり現実的ではないですね。どちらかというとサーバー用です。ただ、いずれはスケールダウンしたモデルを作ることも可能と考えています。スケールダウンしても電力効率はさほど変わらないと我々は見ている。となると、プロセッサの電力消費量はかなり抑えられるので、次世代ロボットに搭載するなどの可能性も含め、実は今、いろいろ検討しています。

――御社はいわゆるエッジ・コンピューティング（ユーザーの身近にある情報端末に計算能力を集中させる方式）を提唱しておられますが、その観点から今後、次世代ロボットや自動運転用のＡＩチップに特に注力していく方針でしょうか。

　特にハードウェアの開発という意味では、エッジよりも、むしろクラウド用の学習基盤を先に作りたい。まずはクラウド向けに作って、家庭や工場で働くようなロボットが日々の変化を学習する必要があれば、そういうところに提供していくことは考えられます。必ずそういう時代が来るので、あとはタイミングの問題だけかな。

――いつ頃そういう世界が実現できたらいいな、と思っていますか。

いくつかシナリオは考えられると思うんですけど、楽観的に考えて2025、26年頃にそういうものが出てくると面白いなと思っています。

GAFAをどう見ているか

――ここからはビジネス面に話を転じたいと思います。御社はこれまでファナックやトヨタなど大手メーカーと提携したり、そこから巨額資金を調達するなどして企業としての評判を高めてきました。ですが、自らコンシューマー製品を開発・商品化して、それを一般消費者に販売してお金を儲けるようなビジネスはしていません。

今後、GAFAのように一般コンシューマー向けの製品・サービスを開発し提供していく、つまりBtoCの分野に進出する計画はお持ちですか。それとも今後も大手メーカーへの技術提供など、BtoBをビジネスの柱としていくのでしょうか。

ここですね、計画はもちろんあるんですが、現在何かお話しできる状況じゃないんです。すみません。多分そのうち何か話せる時期がくるのではないかと思います。

――そういうお答えになるんじゃないかと思っていました（笑）。ですが、グーグルにしてもフェイスブックにしても、もともとは小さな新興ＩＴ企業が、ある時点から急激に利用者が増加してビジネスの規模が桁違いに拡大していきました。よくシリコンバレーで「スケールする」という表現を使いますが、まさにあれですね。

要するにＧＡＦＡがスケールできたのは、いずれもコンシューマー向けのビジネス（ＢｔｏＣ）を手掛けていたからでしょう。グーグルの検索エンジンもフェイスブックのソーシャルメディアもコンシューマー向けの商品です。

逆に御社のように、いろいろな会社と提携して、そこに技術を提供していくやり方だと、スケールという点ではかなり難しい気がします。現時点で御社の従業員数は約３００名と伺っています。先端技術に特化したハイテク集団というのは多分、日本にも他にもあると思いますが、会社を大きくしていくという点では、どこかで限界にぶちあたる気がします。

おっしゃる通りだと思います。我々もそこは問題意識を感じていますし、今後とも大手企業への技術提供だけでやっていこう、とは考えていません。

もう一つ、私個人の考えを言わせてもらえれば、会社にはビジネスモデルと技術的手段の両面が必要ですよね。我々のケースでは、ディープラーニングという技術（手段）は既に非常に高いレベルで確立しています。

これに対しグーグルは広告ビジネス、フェイスブックはＳＮＳ、そしてアマゾンは物販・物流からスタートしましたが、その時点で彼らは独自の高度技術も既に持っていました。このように、（ビジネスと技術的手段が）うまくミートするポイントが先にある会社と、それ以外の会社とではアプローチが違ってくると思うんですよね。

――御社がこの先、ＧＡＦＡのような企業をめざすとすれば、あれだけ世界的に強大な力をもった巨大ＩＴ企業に日本の新興企業が立ち向かっていけるのだろうか、とも正直思います。もちろん、あからさまな対抗意識のようなものは抱いておられないと思いますが、それでも日本を代表するＩＴ企業として、１９８０年代のエレクトロニクス産業のように世界市場で日本企業の存在感を高めていくためには、何か勝算というか戦略のようなお考えはお持ちでしょうか。

会社全体の戦略についてお答えする立場にないので、このご質問に直接お答えすることはできませんが、社長の西川は自著で「大手企業がやっているようなことをやっても勝てるわけがないので、どうやって大手のやっていない穴を探していくか。みんなが『できるわけない』と思っているようなところを見つけて、そこで勝っていくのがすごく重要だ」といったことを申しておりますね。下は計算機の部分から上はお客様に届けるソリューションまで全部やれている技術系企業はほとんど見当たりません。ＰＦＮはまさにそこに踏み込んでいるわけで、そのビジネス的な価値は世界的に見ても非常に大きなものになると思っています。さまざまな業界の裏方に入って機械を知能化し、世の中の底上げをしていくことでＰＦＮの価値を高めていきます。

――結局、御社にとってＧＡＦＡはどういう存在なのですか。どう見ていますか。

現時点では土俵が違うので、直接の競合にはなっていないと考えています。もちろん今後、PFNが別の分野に出ていく時には競合相手にもなりえますが、我々が持っている技術ポートフォリオはGAFAのそれとは違いますので、同じマーケットを狙いにいく確率はそれほど大きくないでしょう。

一方で、社内のエンジニアやリサーチャーには、GAFAのスター研究者らへの憧れや尊敬、もちろん国際学会やOSS（オープンソース・ソフトウェア）の開発を通じての交流もあります。技術あるいは計算基盤など、いろいろな意味でライバル心もありますけどね。

――GAFAというのは、むしろ向こうが意識して、有望な新興企業を買収してしまうことがよくありますよね。

そうですね。企業が巨大化していったんお金が回り始めると、そういう投資会社みたいな動き方もしますね。

――御社にも過去にそういう話（GAFAからの買収の打診）があったのではありませんか。

そこら辺はさすがに私も知らない範囲で起きていると思うので（笑）。知っていてもお答えできないですけれど。

――そうでしょうね（笑）。貴重なお時間、ありがとうございました。

（2020年10月13日取材）

第3章

富岳をどう活用して成果を出すか

新型コロナ対策、がんゲノム医療、宇宙シミュレーション

スパコン富岳（提供：理化学研究所）

先端科学の最前線を訪ねる

ＴＯＰ５００などで他を寄せ付けない圧倒的強さを見せる富岳だが、理研をはじめ関係者は開発プロジェクトの当初から「ベンチマークで1位になることが目標ではない」と言い続けてきた。むしろ「実用性を重視し、本当に社会の役に立つスパコンを作りたい」と。

その強い思いは実際の運用体制に表れている。富岳の本格利用が始まるのは２０２１年だが、既に20年から前倒しでさまざまな分野への活用が始まっている。本章では、この富岳を駆使して先端科学の最前線で活躍する3名の研究者へのインタビューを取り上げる。

最初はコロナ対策への活用だ。理研は富岳を使い、ウイルスの飛沫感染シミュレーションを実施。これにより各種マスクの有効性や、電車・タクシー・航空機や劇場など公共施設における感染リスクなどを検証した。

これと並んで、コロナ治療薬の候補を富岳で探索する試みも大きな期待を集めている。これは「創薬シミュレーション」と呼ばれ、その第一人者である京都大学の奥野恭史教授らを中心に進められている。２０２０年7月にはわずか3ヵ月で数十種類の候補物質を特定できたという。

コロナ治療薬などの開発で富岳が果たす役割、コスト削減などのメリット、ここまでの成果、さらに巨費を投じた国家プロジェクトの意義など、広範囲にわたって奥野教授から取材した。

一方、東京医科歯科大学・Ｍ＆Ｄデータ科学センター・センター長の宮野悟教授は、「がんゲノム医療」のパイオニアとして、富岳を使い患者の全ゲノム解析にかかる時間を劇的に短縮。その一方で、コロナに感染した患者が重症化する原因も探している。

最後に神戸大学大学院・理学研究科の牧野淳一郎教授は、「シミュレーション天文学」の第一人者として「宇宙の大規模構造」や「銀河の衝突」などのメカニズムを富岳で解明しようとしている。

宮野、牧野両教授とも専門とする研究の傍ら、スパコンを自主開発できるほど、この分野に通じており、その力量を買われて富岳のコデザイン（共同設計）推進チームにも加わっていた。卓越した科学者であると同時にスパコンのエキスパートでもある両教授から、これからの科学研究で富岳が果たす役割などについて話を聞いた。またスパコンの利用実態や巨額の開発費などについても率直な見解を得た。

コロナのような喫緊の問題からゲノムや宇宙論など深遠かつ壮大なテーマまで、富岳がどのように活用され、私たちの社会や科学に貢献するのかを見ていこう。

interview

コロナ治療薬の候補を富岳で特定
——創薬シミュレーションの実力

奥野恭史（おくのやすふみ）（京都大学大学院・医学研究科　ビッグデータ医科学分野教授）

創薬シミュレーションとは何か

——まず最初に「薬が効く」とは分子レベルで何を意味するのか、素人にもわかりやすくご説明いただけないでしょうか。

そもそも我々が病気になるのは、我々の身体を構成しているタンパク質や細胞が何らかの異常をきたすからです。

今回の新型コロナウイルス（以下、コロナ）の場合ですと、まずウイルスが細胞に接着して細胞の中に取り込まれる。ウイルスは内部に遺伝物質の一種であるＲＮＡを持っていて、細胞の中で自らのＲＮＡを増やしていくことによって自分自身を増殖させる。これが私たちの細胞に危害を加えて、異常を引き起こすわけです。

このウイルスが自らを増やす時に、いろんな部品が必要になります。その一つがＲＮＡを取り囲む「外殻」のようなタンパク質ですが、これを作り出すのが「メインプロテアーゼ」と呼ばれる酵素です（酵素もタンパク質の一種）。

メインプロテアーゼには「活性ポケット」と呼ばれる部分があって、ここが先ほどのウイルスの外殻となるタンパク質を作り出す上で重要な役割を担っている。逆に言えば、この活性ポケットに外部から何らかの化学物質がはまり込むと、タンパクを作り出す機能がブロック（阻害）される。それによってコロナのようなウイルスの増殖を抑えて、感染症を治療することができます。これが「薬が効く」ということです。

我々はそうした薬の候補となる化学物質を、富岳を使ったシミュレーションで見つけることができたのです。

――一般に、そうした化学物質の薬効を知るためのシミュレーション、いわゆる「創薬シミュレーション」はいつ頃から始まったのでしょうか。

おそらく１９９０年代ですね。ただ、当時のシミュレーションはスパコンを使っても計算精度が非常に低く、信用できるような結果を出せませんでした。製薬会社もシミュレーションを検討しましたが、実用化には至りませんでした。私自身も90年代後半から、当時京都大学が所有していたスパコンを使って創薬シミュレーションを始めましたが、今では考えられないほど、しょぼい計算でしたね。

——具体的なシミュレーションの作業はどういう流れになるのでしょうか。

最初にコンピュータ上で座標配置を決めて、薬の標的タンパク質などの立体構造をモデリングします。

この立体構造はX線解析など実験技術によってあらかじめ明らかにされていますが、残念ながら静止した構造なんですね。我々はそれに動きを与えたいのですが、これをスパコンによるシミュレーションで行うわけです。

具体的には3次元座標に配置された炭素や水素、酸素などの原子、あるいは電子などの質量や電荷をもとに力を計算し、これら物理量をニュートン方程式に代入して加速度を求める。続いて「2フェムト（1000兆分の1）秒」というような極小時間を経て、次の時点でそれぞれの原子がどこに動くかがわかります。

今度はその新しい位置で力と加速度を計算する、という作業を何度も何度も繰り返して、原子の位置を少しずつ時間発展させていく感じですね。

これは「分子動力学計算」と呼ばれますが、なぜここにスパコンが必要かと言うと、すさまじい計算量になるからですよ。単純に数万個の原子に働く力を計算し、ニュートン方程式を解いて次の座標を算出して……という方法で原子の1ミリ秒間の動きを再現しようとするだけで、実に5000億回も計算しないといけない。

この膨大な計算に京では数年かかっていたのが、富岳では数日程度という現実的な時間内にできるようになりました。

――先ほど、説明していただいたメインプロテアーゼの活性ポケットに何らかの化合物（薬剤候補）がうまくハマるかどうかというのは、まさに、そうした分子動力学計算によるシミュレーションで判明するわけですね。

その通りです。最初は化合物が活性ポケットから離れた状態でシミュレーションを始めます。そこから分子動力学計算を繰り返しながら、化合物がポケットに近づいてうまくはまり込むかどうかを見ていくわけです。その周辺をノイズのように無数の水分子が取り囲んでいるのが見えますが、ここまでリアルなシミュレーションをミリ秒スケールで行うことは京では無理でした。富岳でようやくできるようになったところです。

――分子動力学計算で使われるニュートン方程式は古典力学の手法ですが、現代物理学の基礎である量子力学までは必要ないということですか。

実は量子力学も必要です。ただし、分子動力学計算のように動く状態下で分子全体の量子計算をすることは富岳を使っても不可能です。

実際は、原子が動いていく中で電気的な分布も連続的に変わるはずです。が、この部分までも複雑な量子シミュレーションで繰り返し求めていくとなると、たとえ富岳のようなトップクラスのスパコンを使っても、とてもじゃないが計算が終わりません。ですから、最初に、分子動力学計算の開始構造（静止構造）を使って一度だけ量子化学計算をして電荷分布などを決定してから、分子動力学シミュレーションへと移ることになります。

いずれスパコンの能力が今の何万倍にも上がったら、そうした量子計算の部分まで含めて、最初から最後までシミュレーションで済ませたい。そのほうが精度が上がりますからね。それが本来の姿であり、僕らが最終的に夢見ているところでもあります。

薬の開発コスト・期間を半減したい

——シミュレーションで薬剤候補が見つかった場合、それ以降の製品化までの流れを教えてください。

通常の薬品開発は5つの段階に分かれます。

①最初の「ターゲット探索」は、文字通り病気の原因となるタンパクを探すことです。②次は「リード探索」に移ります。これは標的タンパクとうまく結合する化合物（薬剤候補）を探すというステップですね。我々が富岳で行っているシミュレーションも、これに該当します。③その後は「リード最適化」に移ります。これは、その化合物の副作用を抑えて、人間が薬として安全に服用できるようにする。また薬剤としての活性を上げたり、薬として機能した後、適切に排泄されるように代謝のバランスも考える。要するに、最初は単なる化合物であったものを、きちんとした薬剤に変換していくわけです。

④動物で評価する「前臨床試験」などを経て、⑤最終的にヒトで評価をする「臨床試験」に漕

ぎ着けます。臨床試験はいくつかのフェーズに分かれますが、これらを無事パスすれば新薬の承認を受けて、患者さんの治療に使うことができます。

――私たちが薬として服用するわけですから当然ですが、それにしても手間のかかるプロセスですね。

ええ、非常に長く困難なプロセスです。一般に医薬品の成功確率は「2・5万分の1」以下と言われますが、それは大半のケースで最後までたどり着くことができないからですね。製薬会社はそれらの試行錯誤を無数に行うわけですから、医薬品が製品化されるまでには平均で10年以上の期間と1200億円以上の開発費がかかってしまいます。

――創薬シミュレーションによって薬剤の開発コスト・期間をどれくらい削減できるのでしょうか。

正直、現段階のシミュレーションだけでは難しいところがあります。これに対し我々はさらにAIも組み合わせて、「リード最適化」から動物評価をする「前臨床試験」までの部分を効率化しようとしています。それによって確実にコストや期間を削減できるはずです。我々の目標は半減です。

特にコロナについては、日本は海外に比べて感染者が少ない。臨床試験を行うにも被験者を集めるのが難しいので、従来のやり方では薬剤開発が行き詰まってしまいます。このような状況を、シミュレーションとAIで打開したいと思っています。

――製薬業界でシミュレーションは、まだそんなに本格化しているわけではないんですね。

やはり従来のシミュレーションには精度の問題が相当ありますね。通常、製薬会社が行っているシミュレーションは、標的タンパク質の構造を固定した形で、そこにはまる薬剤（化合物）を探すことです。

今回のコロナでも、それを対象にしたシミュレーションは世界中で実施されていますが、全部そうしたスナップショット的な計算です。そうすると精度が非常に低いわけです。これに対し我々が富岳で行ったのは、薬となる化合物やその標的タンパク質を実際に動かすシミュレーションです。

実はこの手のシミュレーションは京でも行うことができましたが、あくまで基礎研究レベル。実際に創薬のパイプライン（製品開発）で走らせる数千規模の化合物の計算は正直無理でした。富岳によって初めてそれが可能になり、十分に高い精度の本格的な創薬シミュレーションに向けた第一歩を踏み出したというところですね。

遅いマシンでは世界で戦えない

――世界各国の状況を比べると、創薬シミュレーションはどこが一番進んでおり、日本はどれくらいのポジションにつけているのでしょうか。

どこかがすごく飛び抜けているというイメージはないです。ただ世界的によく知られているのは、米国のD. E. Shaw Researchという研究所と製薬会社が資金を出し合って開発した「アントン（Anton）」というマシンです。これは先ほどの「分子動力学計算」専用のスーパーコンピュータですね。２００８年に稼働を開始して以来、計算科学者の間で非常に注目されてきました。

――とすると基本的に米国がリードし、先生の富岳を使った研究によって、いきなり日本がトップに立ったという理解でよろしいでしょうか。

正直、現段階では米国勢を追い抜いたとは思いません。そもそも富岳は汎用スパコンなので、創薬専門のスパコンであるアントンと単純比較することはできません。

ただ京ではアントンに立ち向かえなかったが、富岳でかなり肉薄して戦える形になってきたかな、というところですね。

――スパコンの性能が本質的な意味を持つわけですね。

そうです。単純に言うと、遅いマシンではどんなに科学者が頑張ろうと負ける。よくスパコンはF1にたとえられますが、マシンが遅かったら、どんなに凄腕ドライバーでも負けてしまう。そういう部分はありますね。

――中国はどうなんですか。

中国はそもそも医薬品開発において、メーカーがオリジナルの新薬を開発するような段階には達していません。ただし研究あるいはシミュレーションのような計算の世界では、ここ数年急速な発展を遂げていますね。

今回のコロナ問題で一層それを感じたのですが、そういう大学レベルの研究、特に論文では中国が質量ともに世界トップを競うレベルにまでなってきています。

——そうした中で奥野先生としては最低限、どれぐらいの能力のスパコンが必要ですか。

いろんなシミュレーションがあるので一概には言えませんが、あくまで今回富岳でコロナに適用した類の計算に関して言うと、少なくともあと100倍くらい欲しいな、という感じですね。京から富岳で100倍の計算能力になりましたから、その次のスパコンも100倍になることを期待しています。

ただし創薬のスピードアップは、単にスパコンの計算速度だけでは達成できません。今回、我々が富岳で行ったのは、既存の医薬品2000種類余りの中からコロナ治療薬を探すためのシミュレーションです。

研究対象を既存の薬に絞った理由は、先ほどお話しした創薬5段階のうち、細胞や動物を使った実験など、かなりの部分をスキップ（省略）できるからです。確かに別の病気を対象にしていますが、既に人が飲んでいる薬なので安全性は担保されています。富岳によるシミュレーションでいくつか候補が挙がってきましたが、ここから先は極端な話、すぐにヒトで臨床試験できるはずです。

——そもそも最初の約2000種類の候補薬剤はどのように選び出したのですか。

実際に医療現場で使われている低分子薬を選びました。医薬品には抗体薬のような高分子薬もありますが、データベースで「低分子」という条件で絞り込むと2000種類の薬が出てきたということです。

——なぜ低分子薬に絞ったのですか。

お金がかからないからですよ。最近の医薬品はタンパク製剤や抗体薬のような高分子薬が多いのですが、これらは開発にかなりお金がかかるんですね。有名な「オプジーボ」でもそうですが、結果的に薬の値段が非常に高くなってしまいます。その点、低分子薬はそもそもの開発費があまりかからないので薬価を抑えられるというのがまず一点。

もう一つの理由は計算上の制約です。高分子薬のシミュレーションは自由度が大きすぎて、良い精度のシミュレーションが期待できないんです。

——富岳によるシミュレーションでは、これまでのところ「ニクロサミド」と「ニタゾキサニド」などいくつかの既存薬がコロナ治療薬の候補として挙がっていますね。前者は寄生虫を退治する薬で、後者はC型肝炎の薬です。本来はまったく無関係の薬が、なぜコロナに効くんでしょうか。

実はニタゾキサニドは寄生虫にも効くんですね。ノーベル賞の大村智先生が発見された「イベルメクチン」も寄生虫薬として開発されましたが、これもコロナに効くんじゃないかと言われています。要するに寄生虫に効く薬が、コロナにも効きやすいと私は感じています。

なぜか。ウイルスの本体はその内部にあるRNAです。ここからは僕の仮説ですが、コロナの

RNAはもともと寄生虫由来の遺伝子だったのではないか、と。つまり最初は寄生虫にウイルスが感染して、その遺伝子を取り込んだというわけです。仮にそうだとすれば、寄生虫を標的にするような薬剤がシミュレーションで引っかかってきても、おかしくないですよね。

――ニクロサミドなどの中間報告をなさったのは今年（2020年）7月ですが、今回のプロジェクトはそれ以降どのように進んでいますか。また、これからどう進めていく予定でしょうか。

ニクロサミドは非常に安価ですし、WHO（世界保健機関）によれば「妊婦さんが飲んでも大丈夫だ」と。つまり価格や安全性を考慮すると、この薬はコロナ治療薬の有力候補ではないかと思っています。

そこでニクロサミドの開発元である独バイエル社にこの話をして、「一緒に臨床試験を行えないか」と交渉したのですが、バイエルは既に海外で2件ほどニクロサミドの治験を計画している、と。それに加えて、あえてコロナ感染の患者数が少ない日本国内でやるメリットが感じられないと言うのです。

ただ、我々としてもせっかく富岳でここまでやった以上、日本発で何か貢献できないかという交渉を、厚生労働省（以下、厚労省）にバイエルとの間に入っていただく形で進めています（注・インタビュー後の2020年10月末に米国でニクロサミドの臨床試験がスタートし、レムデシビルよりも高い効果を示すのではないかと期待されているという）。

他にも日本メーカー製も含めいくつか候補が挙がってきていますが、もともと他の病気の治療薬であったことから、コロナに適用する際に安全性に疑問が残る候補もある。そこまでリスクを背負うべきか、という理由から公表は控えています。

また既に海外では臨床研究や治験が行われている物質もある中で、さらに「富岳で何か新しいものを見つけてきました。これも突っ込んで試験をしてください」とは言いがたい状況です。

一方でＷＨＯが警告を出すなど、コロナに効くか効かないかで意見が分かれている「レムデシビル」や「アビガン」の作用も今、富岳のシミュレーションで分析しているところです。この二つは実は同じような作用をするんですが、比べてやるとアビガンのほうが活性ポケットには入りやすい、という感触を得ています。ただしコロナ薬として実際に効くかどうかを検証するというより、どちらかと言うと科学的に何が起きているかを解明している段階ですね。

巨額の国家プロジェクトを社会に活かすために

――ちょっと失礼な質問かもしれませんが、今回の「コロナ治療薬の特定」あるいは「ウイルスの飛沫シミュレーション」などのプロジェクトは、富岳の存在価値を国民に知ってもらうためのＰＲ戦略にも見えます。要するに巨額の国家予算を注ぎ込んだスパコンであるがゆえに、文部科学省としては「ほら、こんなに役に立つんだよ」ということを国民にアピールしなければならない。

が、そんなに簡単にいくものでしょうか。コロナ治療薬の製品化にはおそらく数年はかかるでしょう。また飛沫シミュレーションでマスクの有効性や電車内での乗車位置を提言していますが、そんなことはあえて富岳を使わなくても常識でわかるのではないでしょうか。

スパコンを使った科学研究をコロナ対策のような即効性が要求される取り組みに導入するのは、かなり無理がある試みにも思えますが、このあたりについて科学者の立場から率直なご意見をいただけないでしょうか。

一部、そういう面はあるかもしれません。しかし我々の研究においては、世界で誰もやったことのない精密なシミュレーションを行っていくつかの候補物質を挙げることができたのは、科学的に大きな意味があると自信を持って言えます。

もう一つ申し上げておきたいことは、シミュレーションの意義をあらためて理解したということです。今回、海外の論文を読んでいる時にハタと気づいたのが、コロナのような深刻な感染症は、我々現代の日本人には初めての体験だったということです。

一方、中国や韓国、台湾などは過去にSARS（重症急性呼吸器症候群）を経験していました。コロナは「SARSタイプ2」と分類されます。つまりSARSが変異した新型SARSなので、中国など東アジア諸国の研究者たちは過去に研究の蓄積があったわけです。

これに対し日本の研究者は蓄積がほぼゼロに近かった。ゼロから実験を始めていくとなると、すごく時間がかかってとても追い着きません。ところが我々は幸いにして富岳のシミュレーションによって、SARSを経験したアジア諸国が何年もかけて研究をしてきたリードを一気に縮めることができた。これは、それなりの意味があったと思っています。

一方でシミュレーションの限界も痛感しました。あくまでも計算ですので、その先は実際の医療現場で安全性や有効性を確認する必要があります。たとえばニクロサミドを飲んで誰か一人でも亡くなってしまったら、えらいことになるわけですね。そこについては富岳とは別の次元できっちりやっていただかないといけません。その線引きは、自分も含め関係者の間でしっかり決めておかねばと思っています。

――飛沫シミュレーションに関しては何か思うところはありますか。

そこは私の専門ではありませんが、心情的には理解できます。政府関係者も医学的な安全性と経済活動を両立させるために苦しんでいるわけです。

何を指針にしていいかわからない時に、何らかの目安が欲しい。その目安は、偉い人が「こうだよ」と言うのではない。むしろスーパーコンピュータという客観的なマシンが計算で出してくれたものを一つの指針にするというのは、「みんながある程度安心できる落とし所かな」と思いますね。

――確かにせっかくすごいスパコンを作ったんだから、今回のような危機の際に使わない手はないですね。

最後の質問ですが、スパコンを使ったシミュレーションは理論、実験と並ぶ科学の「第3の柱」と見られています。が、その一方でスパコンや加速器など巨額の予算を使う科学領域の意義を疑問視する声もあります。その存在価値を国民に理解してもらうためには、これから何が必要

になってくるでしょうか。

世界の状況を見渡せば、今後、創薬のようにクリティカルな分野ではスパコンがなければ絶対にやっていけません。特に京から富岳になって、分子シミュレーションの世界は本当に一つ殻を破ったんですね。単なる研究ではない、実用化に向けた圧倒的な可能性を、我々科学者は肌身で感じています。

そこで僕らが懸念するのは、実験をする科学者の数と計算（シミュレーション）をする科学者の数があまりにも違うことです。仮に実験をできる人が1万人いるとしたら、計算ができる人は100人しかいない。たった1％ですよ。

先ほど、「富岳で2000種類以上の薬剤候補のシミュレーションができる」と言いましたよね。これと実質的に同じことを実験でやろうとすれば、時間もお金もすごくかかります。

また精度の面でも今回、考えさせられるところがありました。

コロナに対しては、薬剤候補の可能性がある共通の化合物（レムデシビルなど）を世界中の科学者が寄ってたかって実験で評価しています。注目度が高いですからね。でも、その実験結果がバラバラなんですよ。

――つまり、ある研究者は「これはコロナに効く」と言うし、別の研究者は「効かない」と言うわけですか。

そうです。実験というものが、いかにブレているかということですね。これまではシミュレーションと実験の結果がずれていると、実験を専門とする科学者から「お前ら、また、でたらめな計算をしただろう」とかボコボコに言われてました。でも、今回わかったのは「実験だって、めちゃくちゃやんけ」と。(笑)

――むしろシミュレーションのほうが正しいんだ、と。

まあ、そこまで失礼なことを申し上げるつもりはありませんが、我々のほうでも言うべきことをきちんと言えるようにするためには、まず人材を育てていかないと。

中国は近年まで製薬産業が遅れていた分、これから産業を興そうとする時に「白紙」の状態から始められる。ゼロから始めるから、計算科学者と実験科学者の比率も現代に合わせてバランス良く配分できるわけです。日本の場合、そこがすごく実験側に偏っている。

これから日本は人口が減っていきますし、中国のような量産体制ができていない。１人が何百倍という生産性を持つ必要があるわけですね。そう考えると、計算ができるプロフェッショナルをちゃんと育てて、その人と実験の専門家がしっかり協力できる体制を整える必要があります。

――シミュレーションによって、実験では叶わなかったある種の効率性や生産性がアップするということですね。

その通りです。巨額の予算を投入した富岳のようなスパコンを作りっぱなしじゃなく、それを戦略的に使っていけるような体制を整備していかないと、世界から取り残されてしまうと思いますね。

（２０２０年10月26日取材）

がん患者の命を救う全ゲノム解析とＡＩ

——富岳で劇的スピードアップ

宮野悟（東京医科歯科大学・Ｍ＆Ｄデータ科学センター　センター長）

進化する医療用ＡＩ

——これまで、がんゲノム医療にスパコンやＡＩはどのように使われてきたのでしょうか。

ヒトのゲノム（ＤＮＡに記された全遺伝情報）は本来、Ｇ、Ａ、Ｃ、Ｔの塩基（文字）が何億、何十億と連なった長大な文字列です。が、ゲノムの「シーケンサー（読み取り装置）」から出力される文字列は各々１００〜１５０文字くらいの断片なんです。ちょうど長い文章をシュレッダーにかけたようなものですね。それらをつなぎ合わせて、元のＤＮＡの文字列を復元するジグソーパズル解きのような作業にスパコンを使ってきました。

さらに、シーケンサーから出力された文字列は、実は１０００文字に１個くらいはエラー（読み間違い）があるんですね。つまり我々が「これは何らかの病気を引き起こす遺伝子変異」と思っても、実は単なる読み間違いかもしれない。両者を区別するため、従来は数理的な方法を使いつつも、基本的には人海戦術で対処してきました。

しかし2012年、我々が「全ゲノム・シーケンス（全遺伝情報の読み取り）にもとづくがん医療」の研究を始める際には、そうした人海戦術では追い着かなくなりました。実は当時、世界中の研究者が同じ悩みを抱えていたんですね。

「困った、どうしようか」と世界中を聞いて回ると、IBMの「ワトソン（Watson for Genomics）」というAIがあることを知りました。このAIにがん患者のゲノム情報を入力すると、それについてのレビュー（科学的評価）をしてくれる、というのです。

ワトソンは、世界中のがんに関する文献や治験情報、薬の特許情報などにもとづいて、どの遺伝子変異がこの患者のがんの原因になっているかを推定し、可能性の高い順番にランキングする。それればかりか、「この変異には、現在治験中のこの薬が効きそうだ」ということを専門医に説明し理解できるように教えてくれます。

「これを我々も導入して使おう」と決めた時には、藁にもすがる思いでした。なぜなら（胃がんや肺がん、大腸がんなど）固形がんで全ゲノムのシーケンスをすると、数百万ヵ所もの遺伝子変異が検出されるからです。白血病のような血液がんの場合でも一万弱です。とても人手に頼っていたのでは対処できません。

――そこでワトソンを導入したわけですね。16年、宮野先生をはじめ東大医科学研究所の医療チ

ームが、このワトソンを使って「血液がんに侵され、死を覚悟した女性」の命を救って、大きなニュースになりました。現在、スパコンやＡＩの活用で、何人くらいの患者さんが救われているのでしょうか。

現時点の正確な数字はわかりませんが、最初の15～16年にかけての1年間では２００人くらいでしょうか。これはゲノム・シーケンスとＡＩ解析で治療方針を検討した患者さん全体の約2割に当たります。ただ「病気が完治した」という事例だけでなく、「症状の悪化を食い止めた」というケースも含めてですが。

——今やスパコンやＡＩによる先端医療は、研究段階というより患者さんにとって身近なものになっているのですね。

ゲノム解析に必要な時間が大幅短縮

——ワトソン以外にも、「ディープテンソル」という別種のＡＩも使われていると聞きましたが。

ディープテンソルはここ数年のＡＩブームで特に注目されたディープラーニングという技術にもとづいて富士通研究所が開発しました。学習機能を備えていて、主にネットワーク解析に使われます。

我々の研究チームはディープテンソルで、転移がんを引き起こす遺伝子変異をがん細胞のネットワークから推定しようとしています。ただ、これは非常に時間のかかる作業で、「ＳＨＩＲＯ

KANE」（宮野氏が東京大学・ヒトゲノム解析センター在籍中に共同開発したデータ解析に最適化されたスパコン）を使うと2ヵ月半はかかります。

——それを富岳でやれば、かなり時間を短縮できますか。

おそらく20分くらいで終わるでしょう。しかも我々が富士通研究所と共同で加えた改良によって、ディープテンソルはがんの転移メカニズムの一端も説明できるようになりました。また治療薬の研究にも応用できると思います。同じがんの患者さんでも、特定の抗がん剤が効いたり効かなかったりしますよね。その理由を探せるようになるでしょう。

——他にも「SHIROKANEの計算能力では無理だが、富岳を使えばやれそうだ」と期待していることはありますか。

冒頭で紹介したゲノムのシークエンスや解析にかかる時間の短縮ですね。SHIROKANEでがん患者1000人のゲノム検体を解析しようとすると25日かかりますが、富岳では半日になるでしょう。

——そもそもSHIROKANEは世界全体のスパコンの中でどういう位置付けにあるのですか。

いや、もう埒外です。09年、最初に私がコミットして設計したSHIROKANEは世界69位でしたが、翌年は何とか200位以内に入る程度。12年以後はTOP500に入らなくなりました。

——ふだん研究をしていて「もっと良いスパコンを使いたいな」という思いはありましたか。

ええ。特に米国との彼我の違いを強く感じました。米国の研究者はアマゾンが提供するクラウド・サービス（AWS）を使っているんですよ。クラウド上で一時的に膨大な計算スペースを作って、そこでがんゲノムの大規模な研究をすぱっとやる。

ただ、アマゾンのクラウドは確かに良いのですが、お金がかかります。とても日本の研究費では米国と同じことはできません。

また日本の場合、ヒト（患者）のゲノム・データをアマゾンのクラウドに上げることについて主に倫理的な観点から賛否両論があります。厚労省の中でも意見がまとまっていないと聞きました。

――我々素人から見ると、アマゾンのクラウド・サービスとスパコンはまったく別物に思えるのですが、第一線の研究者にとって両者はほぼ同じ位置付けにあるのですか。

そうです。ただし「データを転送したり、解析したものをダウンロードするネットワークの負荷を無視すれば」という条件付きですが。要はスパコンと言っても多数のチップ（CPUやGPUなど）をネットワーク接続した点では、アマゾンのクラウド・サービスと同じです。

ただしチップの種類は違いますね。アマゾンのクラウドは、インテル製のCPUやエヌビディア製のGPUなどを多数つないでクラスター（集団）化したものでしょう。これに対し富岳は、（電力効率に優れた）ARMアーキテクチャのCPUを搭載したので、非常に省電力で動くようになりました。

がんゲノム医療の理想と現実

――話は変わりますが、日本でも19年に「がんゲノム医療」が始まりました。しかし、それはいわゆる「遺伝子パネル検査」と呼ばれるものです。この検査では、患者のゲノムの中からせいぜい数百種類の遺伝子をチェックしているだけですね。

多くて数百種類です。

――これに対し宮野先生は「ゲノムの全シーケンスでやるべきだ」と主張されていますね。

最初から、そう言い続けています。そもそも厚労省に「がん患者のゲノムを調べ、そのデータにもとづいて治療方針を決める医療を作りませんか」ともちかけたのは私です。でも結果的には、患者のゲノムではなく、限られた数の遺伝子だけをチェックする「遺伝子パネル検査」になってしまいました。

――それはコストが一番の理由ですか。

厚労省の官僚に話を聞くと、「(全シーケンスによって)治療標的にならない箇所の情報を得るということでは薬事承認が得られそうもない。だから(各種のがんを引き起こす)新たな遺伝子変異や治療法が見つかる都度、そのパネルにどんどん追加していけばいいじゃないか」と。これが厚労省の立場ですね。それはそれで私はいいと思いました。とにかく、ゲノム医療のスタート・ボタンを押しただけでも日本にとって大きな進歩と見るべきです。

――日本と比較して、米国の状況はどうでしょうか。

今から約10年前の話ですが、カリフォルニアの小児病院に勤務する医師の講演を聞いた時、「うちの病院では患者さんが来ると最初にやることは全エクソン解析、すなわち（ゲノム全体から）タンパク質をコード（生成）する部分だけを抽出することから始めます」と。そうすると試薬代が節約できるからです。

ところが今は、試薬代よりエクソン部分を抽出するコストが上回ってしまいます（笑）。だから、むしろゲノムを全部シーケンスして解析するほうがお金がかからないんですよ。確か今は人のゲノムを全解析すると費用は500ドル（5万円以上）ぐらいですよね。来年（21年）は200ドル（2万円以上）、いずれ数十ドル（数千円）になると言われています。もちろん、今とは違うシーケンス技術を使うことになりますが。

――となると、全ゲノム解析によるがん医療が始まるのは時間の問題と見ていいですか。

13年頃から、イギリスのＮＨＳ（国民保健サービス）が試験的に始めています。「ジェノミクス・イングランド」と呼ばれていますが、5万〜10万人ほどの患者さんの全ゲノム・シーケンスをやっています。その検査対象にはがんも含まれます。いずれ日本でも実現されるでしょう。

――そこで富岳のようなトップクラスのスパコンはどんな役割を果たすのでしょうか。

臨床ではなくあくまで最先端の研究に使われると私は見ています。ただ、最先端のスパコン開発は正直、ベンチマーク・テストで一番になるのが目的であるように思えてなりません。たとえば京の時には、今のような「大規模データ解析とＡＩが使えるようにする」といった用途を想定して開発されませんでした。

実は富岳プロジェクトも開始時点ではそうでした。これに対し私たちコデザイン推進チームは「がんゲノム・シーケンスのような大規模なデータ解析、さらにＡＩをやれるコンピュータにしないと（研究の現場で）使えないよ」と強く訴えました。

コデザインというのは「どんなアプリをどの程度のパフォーマンスで走らせたいのか。そのためにはどんなハードウェア、基本ソフト、ファイルシステムが必要か」ということを検討するチームです。５年間で１００回以上のミーティングを重ねて、京のボトルネックや弱点を洗い出し、富岳の開発に反映させることができました。

コロナ重症化の要因を探る

――既に富岳を使って何らかの研究を始めていますか。

富岳は今、試験運用中で、今年（２０２０年）10月から本格運用される予定です。早くも3月末には、文部科学省から「富岳を使ってコロナ研究など、国民の支持を得られるような研究ができないか」という依頼が来ました。そこで「ヒトの全ゲノムを解析して、コロナ重症化の要因を探索する」という研究を始めました。

以来、全国で１００を超える病院から毎週１００人ベースで検体が送られてきて、今では１０

00人以上の検体が集まっています。これは日本で最大です。

――データの解析も始まっているのですか。

それはまだですが、今年（20年）10月には全ゲノム・シーケンスを始められると思います。富岳とSHIROKANEの両方でプログラムを走らせ、早く出たほうの結果を使う予定です。

――富岳よりもSHIROKANEのほうが早く結果を出すことがあるのですか。

もちろん処理スピードは富岳のほうが圧倒的に速いですよ。比較になりません。でも問題はそこじゃなくて、スパコンの運用面にあるんです。

東大のヒトゲノム解析センターは私がセンター長を務めていましたから「このジョブ（スパコンにやらせる仕事）は今すぐSHIROKANEでやってくれ」と言えば、すぐに始まります。

これに対し、国が開発するトップクラスのスパコンには「共用法」という法律があって、皆が平等に使えるようにしなくちゃいけない。だから誰か他の研究者のジョブがすぐ予定に入ってしまうんです。以前、京の時には、我々がジョブのリクエストを入れても、他の研究者のジョブ待ち、ジョブ待ち、待ち、待ち……で、1週間経ちました。結局、我々のジョブはキャンセル。これの繰り返しですよ。

――富岳でも同じことが起きそうですね。

それを心配しています。だから私は京の時にも言ったんです。素粒子や宇宙論を研究している先生方がおられるところで、「皆さんの研究の価値は認めますが、物や宇宙の根源を解明することが10年遅れちゃいけませんか」と。

私は京の時はなんと言われたかというと、「宮野がいなければどんなにこのプロジェクトが気持ちよくできたか、目に入ったゴミみたいなものだ」と。京が国家プロジェクトになった06年からずっと言われ続けました。目の中のゴミのような存在がいろいろ言ってきたことが、富岳には完全ではないにせよ反映されています。

――率直な提言が実を結んだ、ということですね。他にも富岳の応用を期待している分野はありますか。

社会科学的な課題の解決です。各人の収入や家族構成など諸々のデータを集めるプラットフォームをグーグルは持っている。我々もプライバシーをきちっと確保しながら、日本に住む人たちがより快適に生活できる社会を実現していきたい。そこに富岳のようなスパコンが活用されることを強く希望します。

（２０２０年８月28日取材）

interview

富岳を使えば銀河形成の過程を忠実に再現できる

牧野淳一郎(まきのじゅんいちろう)(神戸大学大学院・理学研究科教授)

壮大な天文実験を計算機の中で行う

——最初にご専門である「シミュレーション天文学」とは何か、簡単にご説明いただけないでしょうか。

一般に物理や化学、生物など自然科学を研究していく上で、理論と実験があるわけですね。つまり科学者が自分で考案した理論を、実験装置を使って検証するということです。

ところが天文学では、たとえば「星の生成」や「銀河の衝突」あるいは「宇宙の大規模構造」などを科学者が解明しようとすると、空間や時間のスケールが想像を絶するほど大きすぎて実験ができません。

ですから、実験の代わりに数式を使って「星の生成」や「銀河の衝突」などのモデルを作り、これに従って計算機でシミュレーション（模擬実験）を行うのです。つまり、普通の地上ではできない天文実験を計算機の内部でやっていることになります。

——何か具体例をもとに説明していただけませんか。

たとえば「宇宙の大規模構造」という一番大きなスケールで考えてみましょう。宇宙ができてから約138億年と言われています。それくらいのスケールで、宇宙にどういう構造があるのか、というのを知りたいわけです。

そこで主に計算すべきものは、普通の物質ではなくて「ダークマター」と呼ばれるものです。これはほぼ間違いなく「ある」とわかっているのですが、残念ながら観測されていないし、正体もわかっていない。ただ重力のみによって、その存在が確認されているという代物です。

宇宙の起源とされる「ビッグバン」が起きた時には、このダークマターがほぼ一様に存在していたと考えられます。それが徐々に重力の影響を受けて何らかの構造を作っていき、今の我々がいるような銀河や超銀河団、さらにその上位にある大規模構造などができ上がっていきました。

シミュレーション天文学では、こうしたダークマターなど宇宙を構成する物質を現在の最大規模の計算で、約1兆個の粒子で表現して、これらの粒子がどう運動しているかを数式でモデル化します。これを富岳のようなスパコンで計算することによって、銀河や超銀河団など大規模構造が宇宙のどういう場所に、いつ、どのように形成されるのかを模擬実験で求めていくのです。

——モデルは、どのように導き出されるのですか。

基本的な物理法則から導き出されることが多いですね。たとえばダークマターの場合はほぼ重力でしか相互作用しないことが、ある意味わかっている。それ以外の普通の物質、たとえば水素原子の場合には、その振る舞いを記述する物理法則は地上における実験で非常によくわかっているので、それが宇宙でも成立すると仮定してモデルを構築していくこともあります。

これと共に初期条件も重要です。現在の宇宙論では「インフレーション（膨張）モデル」が標準的ですが、膨張する宇宙の中で形成される銀河の種になるような「揺らぎ」を最初に仮定する必要がある。これが初期条件に当たります。

そこでは量子力学（原子や素粒子などミクロの世界を記述する物理学）的な揺らぎが非常に大きく作用していると考えられています。

——実験ではなくシミュレーションによる科学的業績というものは、他の分野の研究者も含め自然科学界全体で一般にどのような評価を受けているのでしょうか。

シミュレーションの結果が信用できるかどうかによりますね（笑）。結局、「シミュレーションでそうなったからと言っても、本当にそうなるの？」という質問にちゃんと答えられないといけないわけです。

もちろん一般向けに宣伝する時は、「我々は凄いスパコンで計算しているから間違いない」とか強がりを言うこともありますが、実際はもちろんそうとは限りません。正確なデータにもとづいた緻密なシミュレーションで、従来の実験では到底わからなかったような新しい現象を発見しました、ということであれば、当然そのシミュレーションには価値が認められます。逆にそうでなければ、「なんか計算しましたね」と言われて終わることもあるわけです。

――シミュレーションの結果が正しいと評価されるには、結局は何らかの実験や観測によって検証されねばならないのでしょうか。

　確かに天文の分野では、すぐには検証できないシミュレーション結果も生じてしまいます。ただし、それは実験や観測による検証というより、むしろ、「こっちの研究グループが計算するとこういう結果になって、別のグループが計算すると違う結果になる。一体どっちが正しいんですか?」みたいな話ですね。

　このように異なるグループによって計算結果に違いが生じてしまうのは、モデルを作る際に、どうしても近似が必要になるからです。その近似の仕方が違うと、シミュレーションも違う結果になってしまいます。

　ですから今後、コンピュータの性能や理論計算の手法が進歩することによって、そうした近似なしでも計算できるようになれば、先ほど申し上げたような問題は解消されると考えています。既に現時点でも、そのような形で決着がつくことが実際に起きています。これはある意味、科学として正常な状態ではないでしょうか。

――おかしな質問かもしれませんが、シミュレーション天文学の分野でノーベル賞を受賞した科学者はいるんですか。

天文学ではないですね。化学の分野では、シミュレーションの方法の提案でノーベル賞を受けたケースがあります。1998年の密度汎関数法、2013年のQM／MM法です。それぞれ、量子力学的計算の基本的方法、それを大きな分子で実現できるような改良、という感じです。

富岳で可能になったこと

——日頃の研究では、どのようなコンピュータをお使いですか。

私の研究室では、以前は京を使っていましたが、今は富岳を使いこなそうとしているところです。その他に、Preferred Networks（PFN。第2章末尾のインタビューを参照）と共同で、AIの一種である深層学習用のコンピュータを開発したので、これを天文のシミュレーションにも応用しようと考えています。

これらがメインですが、その他では国立天文台に理論やシミュレーションのためのスパコンがありまして、それは我々も含め国内の天文学者はみな使っています。

——京ではできないけれども、富岳でできるようになる問題や課題があれば教えてください。

富岳は京の約100倍の計算能力を有していますが、これを使えば銀河形成のプロセスをかなり忠実に再現できると思います。我々のいる銀河系には約1000億個の星がありますが、これくらいのスケールのシミュレーションが富岳ではできるようになるわけです。

他方、欧州では今、銀河の観測が非常に進んでいて、「ガイア」という探査衛星で銀河系内の約10億個の星までの距離と動きを測定しています。それによって個々の星の運動から、その生成過程まで広範囲の情報が得られると期待されています。

富岳を使えば、それに比肩するような研究が可能になるはずです。一つひとつの星ができる過程を見ながら、我々の銀河系がどのように形成されてきたかというシミュレーションができる。これが我々の研究グループの富岳の主要ミッションの一つになっています。

それから、もっと我々に近いところでは太陽の研究も進むと思いますね。

太陽の振る舞いを調べるためには、その中心から比較的表面に近い対流層までをモデル化してシミュレーションします。その際、これまでのスパコンでは、かなり低い分解能（識別能力）で、せいぜい１、２年程度と短い期間における計算しかできなかった。これに対し富岳を使えば、きわめて高い分解能で１００年、２００年といった長期間にわたるシミュレーションができるのではないかと期待しています。

たとえば太陽には「黒点周期」というのがあって、その表面を観測すると大体11～12年の周期で多数の黒点の織り成すパターンが変化するんですよ。しかし人類が黒点観測を始めてから未だ約４００年しか経っていないので、１００年単位の変化があるかどうかは定かではありません。

ガリレオが１６１０年に黒点を発見してからしばらくは、黒点の数が著しく減少する「マウンダー極小期」と呼ばれる時期が続きました。そのあとは大体世紀の初めぐらいに黒点の比較的少ない時期が約１００年の周期で現れていますが、その理由はまったくわかっていません。ですから富岳を使ったシミュレーションで11〜12年、さらには100年周期の変化が見られるかというのは、非常に大きな関心事項の一つになってきます。

もしも、そのような結果が出てくれれば、それは我々人類にも大きな意味があります。太陽表面の爆発など周期的変化は、宇宙での人類の活動や通信衛星、さらには地上での活動などにも影響してくるからです。これは最近「宇宙天気予報」と呼ばれていて、「本当に必要なのか」とかいろんな意見もあるのですが、現代の宇宙科学では重要な情報になってきているんですね。富岳を使えばそれもかなりの精度でできるのではないかと期待しています。

なぜ自力でスパコンを作れるようになったのか

――東京大学大学院生の頃、研究室の指導教官（杉本大一郎教授、現・名誉教授）や仲間たちと共同で「GRAPE」と呼ばれる天文学用のスパコンを開発されましたね。私たち一般人の感覚では自力でスパコンを作れるなどとは思えませんが、それができると思ったのは中学・高校時代から何か特別な経験を積んでこられたからでしょうか。

私は中高一貫校（灘校）の物理研究部に所属していました。当時はマイクロプロセッサが出てきた頃で、部の先輩たちが8ビットのCPUが載った計算機を自作していたんですね。実際に私はそれを使って何かしていたわけではありませんが、先輩が計算機を作ったり、使ったりしているところを見ていたので、自分でもできるかなと思ったところは割とあります。（笑）

ただ東大・杉本研究室で最初に開発されたGRAPE1については、具体的な設計は（当時の大学院生で、今は千葉大学教授の）伊藤智義さんがやりました。彼は割となんでも自分で調べて作っちゃう人でしたが、当初、たとえば「基板のワイヤラップ」とか非常に基本的な作り方に関しては、杉本先生のつてを頼って慶應義塾大学の川合敏雄先生や相磯秀夫先生の研究室にお邪魔して、「こんなふうにするんだよ」と教えてもらったりしています。

GRAPEは1号機から最終的には9号機まで作られました。1号機の材料費は20万円くらいだったので、「そんなお金でスパコンが作れるのか」とメディアなどから注目されました。そこから段々、規模が膨らんでいって、GRAPE4が3億円ほど、6は5億円ぐらいかかりましたね。

実は、こういった天文理論用の計算機を作っていこうというアイディアは、天文学者の近田義広氏から提案されたものです。80年代、同氏が所属していた野辺山（国立天文台野辺山宇宙電波観測所）の電波干渉計で、5台のアンテナから来る信号をデータ処理するのに、当時のスパコンでも全然能力が足りませんでした。

そこで近田さんのグループは富士通と共同で、当時のスパコンの約100倍のデータ処理能力を持つ計算機を非常に安いコストで自主開発しました。その経験から私たちのグループにも「計算機、自分で作ってみたら」と提案してくれたのです。

89年には、当時、野辺山のポスドク（博士研究員）だった奥村幸子さん（後に南米チリにあるアルマ望遠鏡の開発プロジェクトを経て、現在は日本女子大学・理学部長）に助手として来ていただき、一緒にGRAPEを作っていきました。こうして電波グループからもいろいろ教えてもらいながら、最終的にはスパコン用のカスタム・チップまで設計できるようになりました。

――富岳のコデザイン推進チームのリーダーとして活躍された際には、学生時代からの長い経験が活かされたわけですね。それらの経験も踏まえて「富岳のこういうところは良くできた」、あるいは逆に「ここは満足のいく出来ではなかった」というところはありますか。

もともとポスト京（後の富岳）の開発プロジェクトでは、汎用プロセッサとGPUのようなアクセラレータ（加速部）を組み合わせることで次世代のエクサ級の性能を実現する計画でした。しかし途中で、公式には予算上の理由などから加速部の開発は見送られ、全体性能としては当初の計画よりだいぶ下がってしまったと思います。

やっぱり今の時代だと、汎用プロセッサと加速部を組み合わせたほうが性能も上がるし、全体のバランスも良い計算機ができたのではないかとは感じますね。

富岳の値段は高いのか

――富岳の開発製造費（予算）は1300億円と言われますが、これは米国の次世代スパコン（6億ドル＝630億円）等に比べて割高との批判もあります。これについては、どのようなご意見をお持ちですか。

あくまで個人的な意見ですが、さすがに安いとは言いがたいですね。富岳が若干高くついた理由の一つは、そこに搭載されるノード（プロセッサ）の数が15万個以上と多いんですね。オーロラ（米国の次世代スパコン）がどこまでいくかわかりませんが、私の予想ではせいぜい2万か3万ノードです。富岳は加速部をなくして汎用プロセッサで統一したので、平均すると1ノードあたりの処理速度は低くなる。結果、より多くのノードが必要になり、費用が膨らんだのではないでしょうか。

また開発・製造を（富士通のような）大企業に委託したことも影響しているかもしれません。たとえばベンチャー企業のPEZY Computing、あるいは私もプロセッサ開発などに関わったPFNなどでは、10億～20億円程度のお金で、かなり高性能のスパコンを作っています。なので、やっぱり富岳の予算面では少し大企業病的なところもあるように見えますね。

――ここからは富岳の活用面について伺います。巨費を投じた国策スパコンということもあり、ともすれば「国民の役に立つ」という点をアピールしたがっているように映ります。中でも喫緊の課題はコロナ対策です。富岳関係者はできるだけ早く結果を出さねばならない、というプレッシャーを感じているのでしょうか。

コロナウイルス対策の中で一番重要になってくるのは、「どういった薬に効果があるのか」という研究でしょうね。これは京大の奥野恭史教授のグループが中心になって進めています（詳細は本章冒頭のインタビューを参照）。確かに富岳を使えば大量の薬理データを高速に解析できますが、それだけで薬ができるわけではありません。

仮に「こういう化学物質が治療に効果がありそうだ」とわかったとしても、それが実際の薬品として認可されるまでには臨床試験を何度か繰り返す必要があります。私は医学や薬学が専門ではありませんが、おそらく数年はかかります。

もちろん富岳にいろいろ期待が集まるのはいいのですが、それが万能で、すぐにもコロナ対策のような難問を解決してくれるという考えは、ちょっと現実離れしています。そこはやっぱりわかってほしいな、という気持ちはありますね。


――では国民の理解を得るにはどうしたらいいのでしょうね。


うーん。これは私の個人的意見として聞いてください。以前の京プロジェクトの時には、そこで開発された超高速マシン（京）が神戸に1台設置されただけでした。でもスパコン開発というのは本来そうあるべきではなく、むしろ広く日本あるいは世界中でオリジナルのスパコンのコピー製品が買われて使われるのが望ましいですね。そうすれば国民に対する説明においても、「ちゃんと産業発展につながった」という理解を得られるでしょう。

確かに90年代までのスパコン開発というのは割と国策に近いもので、日本でも米国でも「フラグシップ・マシン」とか言って、世界に自慢できればある意味良かったわけです。

でも今世紀に入ると大分状況が変わってきたんですね。特に米国政府のスタンスは、昔のように超高性能のスパコンを作るために、お金をかけてカスタム・プロセッサを独自開発するというより、むしろ広く使われている市販プロセッサを沢山買ってきてスパコンを作るという方向に移行したわけです。

もちろん富岳のように、スパコン用のカスタム・プロセッサを独自開発するのが悪いと言っているわけではありません。それはそれで一つの方向として認めるべきですが、逆にそのように国費をかけて独自開発するのであれば、そこで開発された技術がどういう形で広く使われるかを示さなくてはいけないと思います。

――先ほどコピーとおっしゃいましたが、スパコンのクラウド形式での利用では不十分ということでしょうか。

もちろんクラウドでもいいのですが、それが商業的にちゃんとペイするシステムを用意する必要があるでしょうね。

日本が米中と伍していくには

――ここからは海外の情勢も含めてお聞きします。ここ10年ほどの先端スパコン開発では、米国と中国が抜きつ抜かれつのトップ争いを演じてきました。そこに日本が辛うじて食らいついているような印象です。

スパコンは各国の国力を反映すると言われますが、経済・技術力から考えれば米国や中国が有利ですよね。米中と日本の競争は今後、どうなっていくと思いますか。

日本のスパコンが世界1位になるのは、ほぼ10年に1度なんですね。10年に1回、それも1年ぐらいトップで、残りの9年は中国か米国なんです。日本が常時トップでいられる状況では、もうなくなっているんですね。それは認めざるを得ないのかな、と。

――中国のスパコンはベンチマーク・テストでは性能は出るが、産業界で使おうとすると非常に使いにくいという意見も聞きました。実際はどうなのでしょうか。

かつて中国のスパコン・メーカーは米国からプロセッサを輸入して、それを自社開発のマシンに搭載することができました。このやり方で作られた中国製スパコンは、決して使いにくいということはありませんでした。

その後、米中関係が悪化すると、中国メーカーは米国のプロセッサを輸入して使うことができなくなった。このため神威・太湖之光は、中国が独自設計したプロセッサを搭載しています。

これは非常におもしろい設計になっていて、スパコンのようなHPC（高性能計算）に特化した分、それ以外の無駄を完全に削ぎ落としてしまった。結果、一般に広く使われているソフトウエアが神威・太湖之光では容易に動かなくなってしまいました。そういう意味では確かに中国のスパコンは使いにくいと言えますね。

一方で、それ向きにプログラムを工夫して書いていくとすごく高い性能が出る、という面もあります。ある意味、今までにない新しい方向性が、中国のスパコン開発から生まれてきているという印象です。そういう見方もあると思いますね。

——今、政治的な動きに言及されましたが、メディアで報道されている通りトランプ政権（当時）が技術の輸出制限をかけて、おそらく中国のスパコン・メーカーも米国の半導体製造技術が使えない状況になっている。今後の中国におけるスパコン開発は、相当の悪影響を受けると見ていいでしょうか。

いや、むしろ中国の計算機プロセッサ開発グループから見ると望ましい方向に進んでいると思います。なぜなら彼らは逆に米国との競争から保護されることになりますから。彼らのところには中国政府から「スパコン用のプロセッサを作ってくれ」という注文が来るわけですよ。つまり中国での独自プロセッサの開発を、米国はサポートしてしまっている。

過去を振り返ると、旧ソ連の場合は半導体技術が世界レベルについていかなかったので、計算機開発で非常に大きな遅れをとったんですね。一方、今の中国はそこまで半導体技術が遅れているわけじゃない。

ただし、この辺は非常に微妙な話で、中国はまだ半導体の製造装置は作れないんですよ。それは主に日本と欧州から輸入している。米国からも少しは輸入していますが、日本とヨーロッパから来た製造装置が大半です。ですから米国政府からの圧力に晒(さら)された日欧の製造装置メーカーが今後どう出るか、中国がこれにどう対応するか、その両方にかかっています。

つい先日もニュースになっていましたが、中国の国策半導体会社の製造技術は、ＴＳＭＣ（台湾積体電路製造）よりも10年遅れていると言われます。しかし逆に言うと10年しか遅れていない、つまり中国の半導体製造技術もかなり追い着いてきているんですね。この辺りの状況が今後、どう転んでいくのか興味深いところです。

――そうした中で日本のスパコン開発も、今後ＡＩ研究など有望な方面に注力していけば期待を持てるでしょうか。

どうですかね。これは日本の産業政策一般の問題ですが、今ある大きい会社にお金を出したのではダメですよ。それはもう、あらゆる産業分野でおそらく同じ問題を抱えていると思います。

むしろ小さくても技術力や将来性がある会社に思い切って任せる。そうしたほうがスパコン開発でもコストを下げられるし、米中にも伍していけると思いますね。

――最後にこれだけは言っておきたい、ということはありますか。

富岳については、実際にこの規模の計算機がちゃんとできて、日本で使っていけることには非常に感謝しています。東大はじめ国立の研究機関、天文台などのスパコンを合わせた合計よりも、さらに大きな計算能力が実現した。それによって宇宙あるいは他のさまざまな分野でも、シミュレーションによるサイエンス研究には、大きな成果が出ることが期待できます。それはやっぱり非常に大切なことですね。

――わかりました。率直なご回答、ありがとうございました。

（２０２０年９月29日取材）

トップ科学者への取材を終えて

ここまで科学界の最前線で活躍する研究者らが富岳をどう活用するかを見てきた。

中でも当面、私たちにとって最も気になるのはコロナ対策だろう。この未曽有の危機に瀕し、人類の創造性と科学技術力が今まさに試されている。先進の半導体テクノロジーや情報工学など現代科学の粋を尽くしたスパコン富岳は、その船出早々、本領発揮が望まれるところだ。

しかし、それはまたいつになく厳しいテストでもある。平時であれば、おそらく世界スパコン・ランキングで1位を獲れただけでも世間から「合格」のサインをもらえただろう。

ところがコロナのような多くの人命を奪い、社会・経済を麻痺させるという「今、目の前にある脅威」を前に、「そんなに凄いコンピュータなら、今すぐこの問題を解決して私たちを助けてくれ」というのが人々の本音ではなかろうか。もしも富岳がそれを解決する目立った処方箋を提示できなかったとしたら、「巨額の予算をかけても結局、役に立たないではないか」という失望を招いてしまう恐れもある。

しかし仮にそうだとすれば、私たちのほうでも「富岳のようなスパコンに何ができて、何ができないか」をきちんと弁(わきま)えておく必要があるだろう。

確かに奥野教授のインタビューからは、富岳でシミュレーションすれば短期間にコロナ治療薬の候補が見つかり、すぐにでも臨床試験に入れることがわかった。ただ、その先にある製品化に向けては、製薬会社の経営判断やそれを取り巻く社会情勢なども絡んでくる。いくら並み外れた計算能力を誇る富岳といえども、そこまではいかんともしがたい。

また、長期的な視点に立った評価も必要だろう。今回のインタビューを通じて、「がんゲノム医療」や「シミュレーション天文学」など先端科学に富岳がどう貢献するかを見てきた。これらはいずれも、今すぐの成果を期待するのではなく、むしろ十分な時間をかけて取り組むべき重要なテーマだ。

こうした科学のブレークスルーはランダムに起き、ある時思いがけない分野で誰も予想しなかったような急劇な発達を遂げる。それを縁の下で支えるのが富岳に代表されるスパコンであり、いつか次のパンデミックのような危機が訪れた時には、そこで培われた科学的成果が人類を助けてくれるかもしれない――そういう長い目で見守っていく姿勢が、私たちには求められているだろう。

第4章

米中ハイテク覇権争いと日本

エクサ・スケールをめぐる熾烈な国際競争

中国の通信機器大手「ファーウェイ」
中国広東省東莞市で（提供：読売新聞社）

近年のトランプ政権下で始まった米中貿易戦争は、やがて中国のIT企業「ファーウェイ」や動画サービス「ティックトック」などをめぐるハイテク覇権争いへと発展し、2021年に発足したバイデン政権へと引き継がれた。それは両国の狭間で身を屈めてチャンスを窺う巨大経済圏EUや日本を巻き込み、国際政治と先端技術が複雑に絡み合う「テクノ・ポリティクス」時代の幕開けを告げている。

これを象徴するのがスーパーコンピュータの開発競争だ。スパコンが次なる「エクサ・スケール（1000ペタ級）」に向けて世代交代の時期を迎える中、「富岳の世界ナンバーワンは短期間に終わる」との見通しも当初囁かれたが、間もなく相反する見方も出てきた。米中のハイテク覇権争いの影響などから、両国による次世代スパコンの開発プロジェクトが滞る気配があるのだ。これらエクサ級のスパコンが実現されない限り、優に440ペタ以上の性能を誇る富岳の世界王座は当面揺るがない。

『ニューヨーク・タイムズ』の報道によれば、世界初のエクサ・スケールに到達するスパコンの有力候補と見られたオーロラの開発がかなり遅れているという。[1]オーロラは米エネルギー省の発注を受け、米インテルとHPEクレイが共同で開発を進めている次世代スパコンだ。

米国のスパコンは歴史的に「核実験のシミュレーション」など軍事用途を念頭に開発されてきたが、近年は産業用途の割合が増加している。オーロラのようなエクサ級スパコンの場合、たとえば代替エネルギーの開発や気候変動対策、あるいはコロナのような感染症に対処するための迅速な新薬開発、さらに学術分野では「コネクトーム」と呼ばれる脳内のニューロン接続図、ひいてはアルツハイマー病のような認知症の治療研究など、実に広範囲の用途が期待されている。が、どれほど大きなポテンシャルを秘めていようとも、実際のモノができない限りどうしようもない。

当初の計画では、オーロラは21年までに米エネルギー省の管轄下にあるアルゴンヌ国立研究所に納入され、稼働を開始する予定だった。ところが主にインテル側の技術的問題から、オーロラが予定通りに完成・納入されるのは、ほぼ絶望的になったという。

このオーロラ以外にも、米国にはエクサ・スケールをめざして開発中のスパコンが2台ある。テネシー州オークリッジ国立研究所に納入予定の「フロンティア」と、カリフォルニア州ローレンス・リバモア国立研究所に入る予定の「エル・キャピタン」だ。が、いずれの完成時期も（開発が順調に進んでも）21年後半～22年であることから、少なくも米国勢が21年中にエクサ級の次世代スパコンを稼働させるのは微妙な情勢となってきた。

エクサ級CPUの開発をインテルに委託

以前にも紹介したように、これら最新鋭のスパコンは、いずれも「マルチ・コア、マルチ・プロセッサ」による並列処理方式を採用している。これは個々のCPUやGPUなどプロセッサ内部に多数のコア（演算ユニット）を組み込んで、そのようなプロセッサを何万個、あるいは何十万個も並列接続して、一斉に同時計算をさせる方式だ。これにより、たとえば「（自動車や航空機の開発に必要な）流体力学シミュレーション」や「ＡＩのビッグデータ処理」など、現代社会で求められている大規模な計算を超高速で実行できる。

このような方式でエクサ・スケールの性能を実現するには、基本的なアーキテクチャ（設計仕様）を革新したり多数のＣＰＵを相互につなぐインターコネクト（並列処理用のネットワーク技術）を磨くと同時に、個々のプロセッサ自体を高速化する優れた半導体技術も必要となる。このために、米エネルギー省は次世代スパコンの開発をアーキテクチャを担当するクレイ社と並んでインテルに発注したのだ。

インテルは年間売上額では世界最大の半導体メーカーで、かつては基本ソフト「ウィンドウズ」を提供するマイクロソフトと共に「ウィンテル陣営」を築き、世界のパソコンやＩＴ産業をリードしてきた。最近はスマホやＩｏＴなどモバイル端末が勢いを増す中、インテルはＡＲＭ陣営に押され気味だが、それでも今なお半導体開発における優れた技術力を有している点に変わりはない。

しかしエネルギー省が次世代スパコンの開発をインテルに任せたのは、それだけが理由ではない。もう一つの大きな理由は、同社が半導体製品の設計から製造まで全工程をカバーするオールラウンド・プレイヤー（垂直統合型メーカー）であることだ。

第２章でも紹介したように、１９８０年代に世界市場を席巻した日本の半導体メーカーが「日米半導体協定」などを境に衰退した後、90年代に世界の半導体産業は「設計（開発）」と「製造」が分離する水平分業方式へと移行していった。このうちＣＰＵやＧＰＵ、ＳｏＣなど半導体製品の設計（と販売）のみを手掛けるメーカーは「ファブレス」、逆に製造に特化したメーカーは「ファウンドリ」と呼ばれる。

このように水平分業化した主な理由は、半導体の製造工場における「クリーンルーム」など巨額の設備投資や維持コストなどを単独企業では賄いきれなくなってきたことだ。結果、新興メーカーの多くは半導体の設計のみを行うファブレス企業となり、毎年何十億ドル（何千億円）もの巨額投資を要する半導体製品の製造（大量生産）の部分は、世界でも限られた数のファウンドリに任せるようになった。

これらファウンドリの中でも、世界最大の売上額を計上すると共に、最先端の製造技術を有するのが台湾のＴＳＭＣ（台湾積体電路製造）だ。米国のエヌビディアやクアルコム、ＡＭＤ、あるいは（本来、半導体開発が専門ではないが）アップルなど名立たるメーカーはいずれもファブレスとして、ＣＰＵやＧＰＵなど半導体製品の設計に徹し、その製造はＴＳＭＣに委託している。また理研・富士通が共同開発した富岳のＣＰＵ・Ａ64ＦＸも、その製造はＴＳＭＣが受託した。

今や、このような分業方式が世界の主流なのだ。

米国政府はサプライチェーンを国内に回帰させたい

そうした中で、米エネルギー省はエクサ・スケールのオーロラ開発をあえて海外ファウンドリに依存しない国内の垂直統合型メーカー、インテルに発注することにした。ここには、ある種、地政学的な理由が働いたとされる。仮にTSMCにプロセッサの製造を委託したとすれば、今後もしも中台関係が悪化し、中国が台湾の貨物船舶を海上封鎖するなどの事態が生じた場合、米国のスパコン開発は停止してしまう。

このケースに限らず米国政府は、CPUのような基幹部品の完全内製化をめざしているとされる。半導体技術は単にスパコンに止まらず、今後のAIや5GをはじめIT産業の要となるテクノロジーであるだけに、海外メーカーに半導体の製造を任せれば、それらを介して機密情報が中国など対抗勢力に流出したり、情報通信システムがサイバー攻撃を受けたりする恐れがあると見ているからだ。

特にスパコンは核実験のシミュレーションや通信ネットワークの暗号解読など、安全保障上の最重要事項に関わってくる。これら機密情報の漏洩を防ぐためにも、米国政府はいったんオフショア化（海外展開）した半導体など重要部品のサプライチェーンを国内に回帰させたいのだ。

米エネルギー省がオーロラの開発をインテルに発注した動機はそこにある。インテルに任せれば、TSMCのような海外メーカーに頼ることなく、米国内で設計から製造まで一貫して行うことができるからだ。

ただ、そこには製造技術上の限界が待ち受けていた。インテルはエクサ級の次世代スパコンに搭載される高速プロセッサを「設計」することはできても、それを「製造」する技術を持ち合わせていない。そうした最先端の製造技術を自社工場に導入して生産ラインを立ち上げる点で、ＴＳＭＣやサムスン電子など海外勢に遅れをとってしまったのだ。

ＣＰＵやＧＰＵなど半導体製品（部品）の製造技術の指標とされるのが、「プロセス・ルール（最小加工寸法）」と呼ばれる微細化の限界値だ。これはプロセス技術とも呼ばれる。

ＴＳＭＣは半導体の「製造」に特化したメーカーだけあって、常に製造技術で世界最高であることを心がけている。だから現時点で最先端となる「５～７ナノ・メートル」のプロセス技術を早期に導入することに成功した。

これに対しオールラウンド・プレイヤーのインテルは、あれもこれもやろうとするから製造技術だけに心血を注ぐことができない。結果的に、５～７ナノ・メートルのような最先端のプロセス技術導入に手古摺（てこず）っているのだ。

半導体の最小加工寸法は、ミクロ化の度合いを深めるほど製造技術としての先進度が高い。２０２０年時点でインテルの半導体生産工場におけるプロセス・ルールは推定10～14ナノ・メートル程度に止まっており、これがオーロラに搭載される次世代プロセッサ、ひいてはオーロラ自体の開発が遅れることにつながったと見られる。

逆に言えば、仮に米国政府が次世代スパコンの完全内製化にこだわらず、最初から半導体部品の製造をＴＳＭＣなど海外ファウンドリに委託していたとすれば、オーロラは当初の計画通り21年までには完成していたかもしれない。

ちなみに米国にも「グローバル・ファウンドリーズ」という半導体の製造専門メーカーがあるが、ここはＴＳＭＣに匹敵するような最先端のプロセス技術を有していない。

またインテルはモノ言う株主のヘッジファンド「Third Point」などから突き上げを食らって、垂直統合型事業の根本的な見直しを迫られている。20年1月には財務が専門のロバート・スワン氏に代わり、技術畑出身のパトリック・ゲルシンガー氏が新ＣＥＯに就任すると発表。経営トップを交代して、事業体制の再構築に入る模様だ。

インテルは今後、半導体の製造を台湾ＴＳＭＣに委託し、自らはファブレス企業に転身するとの見方もある。ただし、それはおそらく一気に進めるのではなく徐々にだ。それでも仮にそうなれば、米国内における半導体のサプライチェーンはさらに弱体化することになる。

こうした中、米国政府はＴＳＭＣに働きかけて米国内に同社の製造工場を誘致。この要請に応じ、ＴＳＭＣはアリゾナ州に新工場を設立する計画で、20年11月には同州フェニックス市の議会もこれを全会一致で承認した。同市が工場周辺の道路整備などに総額2億ドル（２００億円以上）を投じる計画も併せて承認するなど、諸手をあげてＴＳＭＣを歓迎している。

アリゾナ州に建設される同社の新工場が稼働を開始した暁には、米国製の最新スパコンはそのＣＰＵやＧＰＵを国内で製造できるようになる。ただし現在、エクサ・スケールをめざして開発中のオーロラなど次世代スパコン・プロジェクトに間に合うかどうかはわからない。

中国スパコン・メーカーを技術禁輸措置の対象に

一方、この米国と競うように中国は現在、エクサ・スケールの次世代スパコン３機の開発を進めている。それ以前から中国政府は、スパコンのようなＨＰＣ（高性能計算）が軍事技術の開発や通信ネットワークの暗号解読など国家安全保障の中核的役割を担うとして、この分野に並々ならぬ投資をしてきた。

その成果は着々と現れている。２００１年、スパコンのＴＯＰ５００リストに中国製のスパコンは１台も含まれていなかった。しかし、その翌年から同リストに徐々に顔をのぞかせるようになり、16年６月に１６７台と、ついに米国の１６５台を抜いて最多台数になった。

直近となる20年11月のＴＯＰ５００には中国製スパコンが２１４台も含まれている。２位の米国が１１３台、３位の日本が34台だから、少なくともランク・インしたスパコンの台数では中国が断トツの１位だ。

この中国が今、国家の威信をかけて取り組んでいるのが３台のエクサ級スパコンだ。

そのうちの１台は国家並列計算機工程技術センター（ＮＲＣＰＣ）が開発中のマシンで、これは富岳と同じくＡＲＭアーキテクチャのＣＰＵを中国が自主開発して搭載する計画だ。２台目は中国のスパコン・メーカー「曙光（Sugon）」が開発中のもので、これは米ＡＭＤがライセンス提供したｘ86アーキテクチャのＣＰＵを搭載する予定だった。３台目は国防科技大学が開発中のマシンだが、これはどのようなＣＰＵを搭載するのか現時点で明らかにされていない。

これらエクサ級スパコンの少なくとも1台は２０２０年中にも完成・稼働すると見られていたが、結局そうはならなかった。ここには米国政府の対中輸出規制が大きく影響している。

19年6月、米商務省は中国の曙光などスパコン・メーカー並びに関連企業5社を、事実上の技術禁輸リストである「エンティティ・リスト」に追加した。「国家安全保障上の懸念」がその理由だ。同省によれば、これら中国メーカーは中国人民解放軍と関係し、その軍事技術の現代化に寄与しているという。

エンティティ・リストは米商務省による「ＥＡＲ：Export Administration Regulations（輸出管理規則）」の一環として作成されたもので、「米国の安全保障・外交政策上の利益に反する、または大量破壊兵器などの開発などに関与した個人・企業など」を掲載したリストだ。言わば米国政府が定めたブラックリストである。

ある会社がこのリストに掲載されている企業と取引し、そこに米国製品や米国製の技術で作られた製品などを輸出する際には、あらかじめ米国政府に申請して許可（ライセンス）を得る必要がある。が、スパコンや半導体などきわめて重要な先端技術に関して、米国政府の許可が下りることはまずないので、多くの場合は事実上の技術禁輸リストと見ることができる。この禁輸リストには近年、中国企業が追加されるケースが目立って多くなり、曙光など中国のスパコン・メーカーもその禁輸対象とされたのだ。

エンティティ・リストは米国企業のみならず、日本を含む外国企業にも多大な影響を及ぼす。たとえば日本や欧州、韓国などの企業が、同リストに掲載された中国メーカーなどに米国製の技術が関係する半導体部品や製造装置などを輸出するには、やはり米国政府の許可が必要となる。

この場合も許可されるケースはきわめて稀なので、ブラックリストに追加された中国企業が日本やオランダ製の優れた半導体製造装置などを輸入するのは、ほぼ不可能になる。ちなみにオランダには「ＡＳＭＬ」という有名な装置メーカーがあり、ここは世界で唯一７ナノ・メートル以下の最小加工寸法を可能にするＥＵＶ（極端紫外線）露光装置を量産している。

もちろんこれらの製造装置には日本、あるいはオランダ独自の特許技術などが使われているが、何らかの形で米国製技術も含まれているため、結局は米国政府による禁輸措置の対象となってしまう可能性が高い。

米国の半導体技術を吸収してきた中国

これに対し中国のスパコン・メーカーは、ＣＰＵなど半導体部品の設計・製造で米国製の技術に依存するところが大きいだけに、エンティティ・リストに追加されたことでエクサ級の次世代スパコン開発にも相当の悪影響が出ている。

そもそも中国を代表するスパコン・メーカー曙光がブラックリストに追加されてしまったのは、

同社と米国の半導体メーカーＡＭＤが結んだ提携関係に端を発している。

１９６９年、米カリフォルニア州に創立されたＡＭＤはインテルと並ぶ半導体業界の老舗メーカーだ。ＡＭＤは長年、いわゆる「セカンドソース」と呼ばれるインテル互換ＣＰＵを開発・製造してきた。これはインテルのｘ86アーキテクチャと同等の仕様に従う半導体製品である。つまりインテル製のＣＰＵがオリジナルの商品であり、ＡＭＤ製のＣＰＵはオリジナルに次ぐセカンドソースというわけだ。

このようにインテルの分身にして競合他社とも言えるＡＭＤは本来、インテルを凌ぐ高いコスト・パフォーマンスの半導体製品を開発・製品化することを求められるが、10年ほど前からそれができずに経営不振に陥っていた。ＡＭＤの株価が2ドルを切るまで下落し、経営資金も底をつきかけた２０１５年、そこに救いの手を差し伸べたのが中国の曙光だった。

提携交渉を経て16年、ＡＭＤと曙光は共同でベンチャー企業を立ち上げ、ここで曙光のエクサ級スパコンに搭載される次世代ＣＰＵを開発し、ＡＭＤはそのためのｘ86系技術を提供することになった。この提携が成立すると、曙光は早速ＡＭＤに巨額の資金を提供し、このお蔭で同社は傾いていた経営を立て直すことができた。

ところが、この提携が米国政府の逆鱗に触れた。米国が誇る半導体技術を、よりによって人民解放軍との関係が疑われる中国のスパコン・メーカーに提供するとは何事か！——米国の商務省や財務省、国防総省などの省庁間委員会「対米外国投資委員会（通称ＣＦＩＵＳ）」は、曙光との提携事業を解消するようAMDに強く求めた。

しかしAMDがこの要請になかなか従おうとしないことから、米国政府は曙光など中国のスパコン関連5社をエンティティ・リストに加えることにしたのだ。これにより曙光が現在開発中のエクサ級スパコンには、AMDがライセンス提供する予定だったx86系技術で作られるCPUは搭載できなくなった。[2] これが中国の次世代スパコンの完成が遅れている主な要因と見られている。

とはいえ、中国には曙光以外にもエクサ級スパコンの開発を進めている国営の研究機関が2つある。前述のNRCPCはその一つで、彼らはARMアーキテクチャの次世代CPUを自主開発し、これを自身が設計を進めているエクサ級スパコンに搭載する計画だ。

既にNRCPCが開発し、16年にTOP500で首位にランクされた神威・太湖之光には、それまでのインテル製ではなくNRCPCが独自開発したプロセッサが搭載されている。つまり中国は、既にトップレベルで争うことのできる半導体を自力で開発できる段階に入っているのだ。

米国の制裁で停滞する中国の半導体技術

米国政府による厳しい技術禁輸措置を受け、中国のメーカーや研究機関などは次世代スパコンに搭載されるプロセッサなどの自主開発を加速すると見られている。しかし彼らが仮に、エクサ級のCPUを自主開発（設計）できるレベルに達したとしても、それを「製造」することができない。なぜなら中国には、台湾TSMCや韓国サムスン電子に匹敵する最先端の製造工場が存在しないからだ。

確かに中国国内には、2000年に設立された国策企業「中芯国際集成電路製造（SMIC）」というファウンドリが存在する。同社は中国最大の半導体メーカーにして、CPUなどロジックLSIの受注額では世界5位だが、台湾TSMCなど先頭グループに匹敵する最先端のチップ製造技術は未だ有していない。

TSMCは早々と自社工場の製造ラインに、最先端となる5〜7ナノ・メートルのプロセス技術を導入することに成功している。富岳のCPU・A64FXは、それらのうち7ナノ・メートルの技術で製造された。おそらくエクサ・スケールのスパコンに搭載される次世代CPUも5〜7ナノ・メートル、あるいはさらにミクロの微細加工技術が必要とされるだろう。

これに対し、SMICが現時点で半導体製品を量産できる段階にあるプロセス技術は12〜14ナノ・メートル。これではエクサ級のCPUを製造することは到底不可能だ。

SMICは2020年中には、7ナノ・メートルのプロセス技術を自社工場に導入する計画と見られていた。しかし同年12月、米国防総省が「共産主義中国の軍事企業」というブラックリストにSMICを追加した。国防総省は声明の中で「今回、リストに加えられたSMICなど4社は、表向きは中国の民間企業だが、実際は中国人民解放軍に先端テクノロジーを提供する軍事支援企業だ」と断じた。

これに対しSMICは「我々は民間向けの製品やサービスしか提供しておらず、中国軍との取引は皆無だ」と反論しているが、米国政府は聞く耳を持たない。

今回、米国防総省のブラックリストに加えられても、ＳＭＩＣが即座に米国から制裁を科されることはない。しかし米国の投資家による株式購入の禁止対象になると共に、米国内外の企業がＳＭＩＣとの取引を控えるように求められる。

この国防総省に続き、同じく20年12月、今度は米商務省がＳＭＩＣをはじめとする中国企業数十社をエンティティ・リストに追加した。[3]

前述の国防総省のブラックリストなども併せて考えると、ＳＭＩＣは５〜７ナノ・メートルのプロセス技術導入に必要となる米国製ないしは米国の技術を使った半導体製造装置や「ＥＤＡ（Electronic Design Automation）」と呼ばれる設計ツールなどを輸入することがきわめて難しくなったと言わざるを得ない。

これら米国政府による一連の制裁措置により、ＳＭＩＣなど中国の半導体産業は停滞し、中には武漢市のＨＳＭＣ（武漢弘芯半導体製造）のように深刻な経営難に陥るファウンドリも出てきた。

もちろん中国側も手をこまねいて見ているわけではない。スパコンやＡＩ、５Ｇなどハイテク分野で米国依存を脱却するためには、是が非でも国内における半導体の自給率を高める必要がある。

このために中国政府は巨額の助成金を（ビデオ・ゲームのようなアプリケーションではなく）半

導体開発の分野へと重点的に振り向け、これによって多数のスタートアップ企業が生まれている。共産党機関紙『人民日報』の記事によれば、中国国内で半導体関連のベンチャー企業は1日に約200社のペースで設立されており、その総数は20年の1～10月の間に約5万8000社も増加したという。[4]

しかしビデオ・ゲームなどとは対照的に、半導体技術はそれを育成するのに長い年月を要する。今のところ中国国内で製造された半導体はたとえば日用家電のようなローテク製品には搭載できても、スパコン用の超高速CPUやAIチップなどハイテク製品に対応するのは到底無理で、そこに至るまでにどれほどの年月が必要なのか目途も立っていない。

こうなると、中国のスパコン・メーカーも当面は自国のファウンドリではなく、やはりTSMCなど海外ファウンドリにプロセッサの製造を委託するしかないが、自身が米国製技術の禁輸対象リストに載ってしまった以上、それはできないはずだ。

なぜなら現在のCPUなど半導体製品は、それが開発・製造される過程で米国製の技術が何らかの形で含まれているからだ。TSMCが米国製の技術を使って製造した次世代CPUを、中国の人民解放軍と関係があるとされるスパコン・メーカーや研究機関などに供給することは許されない。このため中国もエクサ・スケールのスパコンを完成させるのは当面難しいと見られている。

結局、米中両国がめざす次世代スパコンは一種、政治的な理由から各々開発に足枷がはめられたような状況となっている。それは単にスパコンに限らず、21世紀における米中間のハイテク覇権争いを映し出す鏡でもある。

たとえば中国を代表するＩＴ企業にして、５Ｇ通信機器やスマートフォンのシェアでこれまで世界1、2位を争ってきたファーウェイは、子会社の「ハイシリコン」というファブレス企業を使って「Ｋｉｒｉｎ」と呼ばれるスマホ用の新型プロセッサを開発した。これはスマホで撮影される写真の画像処理に使われるＡＩチップで、夜間に撮影された写真のノイズを自動的に除去することができる。その技術レベルは、既にアップルをはじめＧＡＦＡが自主開発するＡＩチップに匹敵すると見られていた。

しかしファーウェイが19年5月、米商務省のエンティティ・リストに加えられたため、同社はせっかく自主開発したＫｉｒｉｎを自社製のスマホに搭載できなくなってしまった。ＫｉｒｉｎはＡＲＭアーキテクチャに従うプロセッサだが、ＡＲＭの技術には米国由来のものが含まれているため、同社がファーウェイとの取引を停止せざるを得なくなったからだ。

結果、ファーウェイは旧式のプロセッサを搭載した「型落ちスマホ」しか提供できなくなり、世界のスマホ市場での地位が揺らいでいる。[5] 本書執筆中の２０２１年2月、ファーウェイはスマホ部門の売却を検討中と欧米メディアが報じている。同社はまた、米国政府による一連の制裁措置により、５Ｇ製品の国際展開にも重大な支障を来している。

日米ハイテク覇権争いとの類似点と相違点

スパコンや半導体技術をめぐる米中間の激しい争いは、1980〜90年代における日米間のハイテク覇権争いをある意味で彷彿させる。

当時、世界市場を席巻した便利で廉価な家電商品など日本のエレクトロニクス産業に対抗するため、米国政府はそのベースとなる日本の半導体産業を弱体化する戦略をとった。それが端的に現れたのが86年の日米半導体協定であり、(もちろんこれだけが原因ではないが) これらを契機に日本の半導体、ひいてはエレクトロニクス産業は衰退の道を辿った。

ちょっと言葉は悪いが、当時、そこから「漁夫の利」を得たのはサムスン電子など韓国を代表する巨大メーカーであった。

それから30年以上の歳月が流れた今日、米国政府は今度はファーウェイやティックトックなど進境著しい中国のIT企業をハイテク覇権争いのターゲットに選んだ。今回もそのカギを握るのは、スパコンやAI、5GなどIT産業のベースとなる先進の半導体技術である。

かつての日米半導体協定では、「日本の半導体市場を外国の半導体メーカーに開放すること」を日本側に義務付け、ついには日本メーカーが顧客企業に韓国製品を推奨するなど常識ではあり得ないような事態へとつながった。

筆者は国際政治が専門ではないが、それでも素人なりにあえて言わせてもらえば、要するに米国による「核の傘」など安全保障上の同盟関係にある日本は結局、理不尽な協定でも受け入れざるを得ない、という読みが米国政府側にあったのではないか。

これに対し、21世紀の今日、米国がハイテク覇権争いの相手とする中国は同盟国ではなく、ロシアなども含めた対立陣営に位置付けられる。これには80年代の日本に対してとったようなやり方は通用しない。しかも中国はＡＩや５Ｇ、さらにはスパコンや宇宙開発などさまざまな分野で米国に接近、ないしは追い着くほどの技術力を蓄えてきている。が、それらのベースとなる半導体、特にその製造技術では少なくとも４～５年、米国や台湾、日本などに遅れていると見られる。

となると米国にとって中国への対抗策はある意味単純だ。米国製の半導体技術に禁輸措置をかけて、中国企業が使えないようにすればいいだけだ。実際、米国政府はそれを実行に移して、既にかなりの効果が現れ始めている。

では今回、ここから漁夫の利を得るのは、どの国になるだろうか？

それはおそらく日本である。２期連続で世界ランキング４冠を達成したスパコン富岳が、まさにそれを示している。富岳の開発プロジェクトが正式に始まって以来、理研をはじめ富岳の関係者は「ベンチマーク・テストで１位になることが目標ではない。社会の役に立つスパコンを作ることが本来の目標だ」と言い続けてきた。

とはいえ、世界1位が獲れるなら、それに越したことはない。

この業界では日米中など競合する国の間で「腹の探り合い」というか、要するに相手の技術力が今、どのレベルにあって、いつごろ次世代機が完成しそうかなどのインサイダー情報を互いによく調べている。おそらく理研・富士通など富岳関係者は、２０１７年にトランプ政権が誕生し、やがて米中間の貿易摩擦がハイテク覇権争いへと発展する19年頃には、その影響で両国の次世代スパコン開発が予定よりも遅れそうだ、という情報を摑んでいたはずだ。

当初の計画では富岳は21年に稼働を開始する予定だった。しかし米中のエクサ級スパコンの完成が遅れるという情報を握ったことで、富岳関係者は「今がチャンスだ！」とばかりにあえて前倒しで20年に稼働させて、ずっと「目標ではない」と言い続けてきた1位を獲りにいったのではないか。

仮にそうだとすれば、その策は見事に功を奏し、富岳は2期連続でスパコン世界一となったわけだが、この王座はもうしばらく続きそうだ。米中どちらが先にエクサ級マシンを完成させるにせよ、それは早くて22年、下手をすれば23年にずれこむとの見方もある。となると、富岳は最長3年間も世界王座に君臨し続ける可能性があるのだ。

もちろん「スパコンのベンチマーク・テストで1位になることに実質的な意味がどれほどあるのか？」という冷めた意見も聞かれるだろう。しかし、それでも富岳の世界ナンバーワンは高く評価されるべきだと筆者は思う。ここ数年、米国のＧＡＦＡや勃興する中国の巨大ＩＴ企業などに押され、日本のハイテク産業は一種の自信喪失に近い状態にあった。特にＡＩや５Ｇなど先端的な技術分野では、日本企業はすっかり存在感を失ってしまった。

こうした状況下で「国力を反映する」スパコンの性能で世界一に返り咲いたことは、日本の科ではないか。

学技術力の底力を証明し、失いかけていた自信を取り戻す上で大きな意味があったと言えるのではないか。

しかも、この流れはスパコン開発だけに止まらない。第2章でも紹介したように、富岳のＣＰＵに採用されたＳＩＭＤなど日本の伝統的な半導体テクノロジーが蘇りつつある。今後はこうした基礎的な高度技術を、爆発的な需要増加が期待されるクラウド・サーバー、さらにはＩｏＴ端末や自動運転車など次世代製品に広げていくことで、ハイテク・ジャパンの復活は単なる希望的観測ではなくなってきた。

こうした中で海外に目を転じると、米国では司法省やＦＴＣ（連邦取引委員会）、各州政府などが20年10月以降、反トラスト法（米国の独占禁止法）に抵触した疑いでグーグルやフェイスブックを提訴。今後はアップルやアマゾンなども含め、これら巨大ＩＴ企業の事業を分割するなどして絶大な市場独占力を奪い、代わって未来を担う新しい企業が勃興する環境を整えることが狙いと見られている。

かつて１９９８年に始まるマイクロソフトの反トラスト法訴訟を経て同社が力を落とし、これに代わってアマゾンやグーグルなど当時の新興企業が台頭してきたのと同様、現在もまたきわめて大きなスケールで主力企業の世代交代が迫っているのかもしれない。

一方、中国では20年11月、アリババ集団創業者ジャック・マー氏の政府批判が共産党指導者の逆鱗に触れ、傘下の金融会社アントグループが上海・香港市場で上場停止となった。同社に対しては、取引先の企業にライバル企業と取り引きしないよう求める行為が独占禁止法違反の疑いがあるとして、中国当局による捜査も進んでいる。今後、テンセントや百度(バイドゥ)など他のインターネット企業にも、規制当局による統制が及ぶとの見方もある。米国同様、中国でも巨大ＩＴ企業に激しい逆風が吹き始めているようだ。

もちろんＧＡＦＡやファーウェイ、アリババなど、外国企業のトラブルを歓迎するのは決して褒められた姿勢ではないし、ここで強調したいのはそういうことではない。あくまで一般論として、どこかの国の企業が国際競争力を落とせば、他の国の企業は相対的な優位性を確保できるということだ。バブル崩壊後の90年代とは逆に、今度は日本企業が世界のハイテク市場で存在感を高めるチャンスがめぐってきたと言えそうだ。

参考文献

1 "Intel Slips, and a High-Profile Supercomputer Is Delayed," Don Clark, The New York Times, August. 27, 2020

2 "U.S. Targets China's Supercomputing Push With New Export Restrictions," Kate O'Keeffe and Asa Fitch, The Wall Street Journal, June 21, 2019

3 「米商務省、ＳＭＩＣ含む中国企業数十社を禁輸リストに追加へ＝関係筋」、ロイター通信、２０２０年12月17日

4　"With Money, and Waste, China Fights for Chip Independence," Raymond Zhong and Cao Li, The New York Times, December. 24, 2020

5　「揺らぐファーウェイの地位　〝型落ちスマホ〟専門の三流メーカーに成り下がるか」、SankeiBiz、２０２０年12月14日

第5章

ネクスト・ステージ：量子コンピュータ　日本の実力

「量子超越性」を実証したと発表する
サンダー・ピチャイCEO
（2019年10月、提供：Google／ロイター／アフロ）

スパコンに象徴される激しいハイテク開発競争の先に垣間見えるのは、異次元の計算速度を誇る「量子コンピュータ」の登場だ。

富岳が2期連続の4冠を達成した翌月の2020年12月、中国科学技術大学などの研究チームは、「光を使った量子コンピュータで量子超越性（quantum supremacy）を実現した」と米『サイエンス誌』に発表した。[1]

量子超越性とは、スパコンを含め従来型のコンピュータでは絶対に到達できない、あるいは（循環論法になるが）量子コンピュータのみが到達できるとされる超高速計算を意味する。

中国の研究チームは多数の光子検出器と光量子計算の技術を組み合わせた実験装置（一種の量子コンピュータ）を使い、干渉し合う多くの「ボソン（Boson）」をある種のシミュレーションで検出する「ガウシアン・ボソン・サンプリング」の実験を行った。

ちなみに、この世界に存在するさまざまな素粒子はボソン（ボース粒子）とフェルミオン（フェルミ粒子）の2種類に大別され、光を構成する素粒子である光子はボソンに分類される。

ガウシアン・ボソン・サンプリングの実験で量子超越性を証明するためには、有限の時間内に少なくとも50個の光子を検出する必要がある。これに対し今回、中国の研究チームは76個の光子を検出することに成功し、それに要した時間は200秒だった。

これと同じシミュレーションを中国のスパコン神威・太湖之光で行うと25億年、日本の富岳で行うと6億年かかると主張しているが、要するに「いかに超高速のスパコンでも、従来型のコンピュータでは事実上、有限の時間内にこの計算を終えることはできない」と言いたいわけだ。

今回の中国チームの実験について、英インペリアル・カレッジ・ロンドンの物理学者イアン・ワルムスレイ博士は「この装置（量子コンピュータ）では実際に役に立つ問題を解くことはできない」としつつも、「これは間違いなく偉業であり、重要なマイルストーン（一里塚）だ」と高く評価している。[2]

この発言からもわかるように、おそらくは桁外れのポテンシャルを秘めつつも今なお実用化にはほど遠いと見られるのが量子コンピュータだ。それは私たちにとって実態が摑みがたく、言わば謎に包まれた存在でもある。

量子コンピュータとは何か？

量子コンピュータとは、「分子」や「原子」あるいは「電子」のようなミクロ（微視的）世界の現象を説明する量子力学を、計算の原理に応用した画期的なコンピュータだ。

20世紀序盤、デンマークやドイツなど欧州を中心に確立された量子力学は、現代自然科学のバックボーンとして、その後の固体物理学や電子工学を生み出す礎となった。

これら新たな学問や技術は、半導体など固体中の電子の挙動を見事に解明し、これを自由自在に操ることを可能にした。それによって20世紀後半に、多彩なエレクトロニクス産業の開花を促した。私たちが今使っているパソコンや液晶テレビ、スマートフォンなど便利なIT機器は、元を辿れば量子力学のお蔭と言っても過言ではない。

１９８０年代初頭、世界的に有名な物理学者である米国のリチャード・ファインマン博士（故人、65年に日本の朝永振一郎博士らと共に量子電磁力学の功績でノーベル賞を受賞）が、量子力学とコンピュータに関する講演の中で「自然のシミュレーションを行うには量子力学的に実現すべきだ（if you want to make a simulation of Nature, you'd better make it quantum mechanical）」と述べた。[3] 実際に「量子コンピュータ」という言葉を使ったわけではないが、一般にファインマン博士のこの発言が世界で初めて量子コンピュータの実現可能性を示唆したものと見られている。

その後、英国のデイヴィッド・ドイッチュ博士ら先駆的な物理学者が、量子コンピュータを開発するための具体的な方式をいくつか提案した。いずれも「量子並列性（quantum parallelism）」と呼ばれるミクロ世界の不可思議な現象を、計算の原理へと転化したものだ。

私たちの生きる日常世界では、白はあくまで白であり、決して黒ではない。しかし量子力学によって説明されるミクロな世界では、「白は白であると同時に、黒でもある」という奇妙な状況が成立する。要するに、一つのモノが同時にいくつもの異なる状態を取り得る。これが「量子並列性」と呼ばれる現象だ。

量子コンピュータでは、この量子並列性を利用して、１台のコンピュータの内部に自らの分身を無数に作り出す。これら無数の分身が協力して一つの仕事をこなすので、その結果として超高速の計算が実現されるのだ。

この原理を、従来のコンピュータとの比較で説明すると次のようになる。

一般にコンピュータでは、その内部状態を表現する各ビットが０か１かのいずれかになる。そこでｎ個のビット列は、０と１の組み合わせ方に応じて全部で（２のｎ乗）個の状態を表すことができる。

従来のコンピュータでは、これら（２のｎ乗）個の状態のうち、ある時点でたった一つの状態をとり得る。この一つの状態が時々刻々と次の状態へと推移していく（コンピュータが計算を行うとはそういうことだ）。

これに対し量子コンピュータでは、（２のｎ乗）個の状態のうち、ある時点で（ある確率分布に従って）すべての状態、つまり（２のｎ乗）個の状態をとり得る。そして各々の状態が時々刻々と次の状態へと推移していく。つまり量子コンピュータの内部では、（２のｎ乗）個の状態を同時並列的に計算できる。これは（２のｎ乗）個のコンピュータによる並列処理と同じことになる。

最終的に答えを出力する時には、観測時における「波束（確率分布）の収縮」と呼ばれる現象によって、（２のｎ乗）個の状態がたった一つの状態へと収束する。これが問題の解となる。以上のやり方は、「シュレディンガーの猫」と呼ばれる量子力学のパラドックスを逆手にとったような方法だ。

ただし念のため断っておくと、現在、私たちが使っているパソコンやスマホのような従来のコンピュータにも、ある意味で量子力学は活用されている。たとえばＣＰＵやメモリなど各種チップは、量子力学をベースとする固体物理学や半導体工学にもとづいて作られている。が、それはあくまでコンピュータの素子、つまり部品レベルの話であり、これをもって量子コンピュータと呼ぶことはできない。

量子コンピュータとは、あくまでコンピュータが行う計算の方法に量子力学の原理を導入したものだ。これによって、前述の「量子並列性」あるいは「量子加速（quantum speedup）」などと呼ばれる特異な性格がコンピュータに育まれ、桁外れの計算速度向上がもたらされる。それは従来のコンピュータが、ほとんど原始時代の石器のように見えてしまうほどのスピードアップなのだ。

量子コンピュータの活躍が期待される分野は、「ＮＰ困難（Non-deterministic Polynomial-time hardness）」などと呼ばれる特殊な問題群だ。

たとえば多数の都市間の移動コストを計算する有名な「巡回セールスマン問題」など、一般に「組み合わせ最適化」と呼ばれる問題が「ＮＰ困難」の一例としてよく引き合いに出される。また前述の中国科技大が行ったガウシアン・ボソン・サンプリングは、このＮＰ困難よりもさらに難しい「＃Ｐ困難問題」に属するという。

これらは計算方法がわかっても、それに従って実際に計算しようとすると現在最速のスパコンを使っても有限の時間内には解けない問題だ。このような難問は、ＩＴ、金融、医薬品、航空、軍事などさまざまな産業分野に存在し、それらを解くために異次元のスピードで動作する量子コンピュータの出現が待たれているのだ。

一方、もしも本格的な量子コンピュータが実現されたとすれば、公開鍵暗号ＲＳＡなど従来の暗号方式が解読されてしまうため、ＩＴや金融業界の他、国防・諜報活動など安全保障の分野でも新たな懸念事項となっている。このため各国政府は量子コンピュータでも破ることのできない量子暗号技術の開発を進めるなど、ほとんど切りがないような周辺技術の研究も促している。

量子コンピュータの先駆企業

こうした驚異あるいは脅威の量子コンピュータを、人工知能の研究開発に応用しようと試みているのがグーグル（アルファベット）だ。同社は２０１３年に米航空宇宙局（ＮＡＳＡ）などと共同で「量子ＡＩ研究所（Quantum Artificial Intelligence Lab）」を設立。ここで量子コンピュータを使い、「ウェブ検索」や「音声認識」などに必要となるディープラーニングを最適化する研究を行うと発表した。

このためにグーグルは、カナダの「Ｄウェイブ・システムズ（D-Wave Systems、以下Ｄウェイブ）」が開発・製品化した「Ｄウェイブ・ツー（D-Wave Two）」と呼ばれる計算機を推定１０００万ドル（10億円以上）で購入した。このマシンは５１２量子ビット（qubit）のプロセッサを搭載した、世界初の実用的な量子コンピュータであるという。

Dウェイブは1999年、カナダのブリティッシュ・コロンビア州に設立されたスタートアップ企業だ。共同創業者の一人で、CTO（最高技術責任者）でもあるジョーディ・ローズ氏は当時、この分野の研究で主流だった「量子ゲート」方式に早々と見切りをつけ、それとは異なる「量子アニーリング」方式に注目した。この技術をベースとして、11年に同社の第1号機となる128量子ビットのマシン「Dウェイブ・ワン（D-Wave One）」、13年には512量子ビットの「Dウェイブ・ツー」を発売。これをグーグルが自社の量子AI研究所に導入したことで、Dウェイブは一躍世界的な注目を浴びた。

ただ当初、Dウェイブが研究・開発段階の実験データなどを学界に発表しなかったことなどから、「これは本物の量子コンピュータではない」とする否定的な見方が科学界では聞かれた。

そこには、同社の採用した方式が量子コンピュータ関係者の間では一種「異端」と見られたことも影響している。1985年にデイヴィッド・ドイッチュ博士が世界初となる量子コンピュータの原理として提唱したのは「量子ゲート」と呼ばれる方式だった。

量子ゲートとは、現在広く使われている汎用デジタル・コンピュータの基本素子である論理ゲートを、量子力学の原理で再構成したものだ。従来、日米欧をはじめ世界中で研究されてきた量子コンピュータの大多数が、この量子ゲート方式にもとづいていた。言わば、量子コンピュータ開発の主流方式である。

しかし、その開発の歩みは遅かった。今世紀に入ってIBMやHP（ヒューレット・パッカード）などが量子ゲート方式の基礎技術を確立したとされるが、いずれも実験室レベルに止まり、そこで作られた〝量子コンピュータ〟はせいぜい「15を3と5に素因数分解する」などきわめて初歩的な計算しかできなかった。このため、実社会で活用される本格的な量子コンピュータの登場は何十年も先と見られていた。

これに対しDウェイブの〝量子コンピュータ〟は、「量子アニーリング」と呼ばれるまったく別の方式にもとづいて作られている。これは一種のアナログ計算方式であり、汎用の論理ゲート方式に比べて応用範囲が限られている。そのせいか、量子アニーリングの基礎研究はなされてきたものの、これを使って実用的な量子コンピュータを開発しようとする試みは見当たらなかった。

しかしDウェイブはこの異端の方式を採用し、あるベンチマーク・テストにおいて従来型コンピュータの3600倍もの計算速度を達成した。しかも、これを使ってグーグルがディープラーニングのような先端AIの研究開発をできるほどだという。このように、皆とは違う方法で並みいるライバルたちを出し抜いたことも、Dウェイブへの風当たりが強い理由の一つと見られた。

量子コンピュータの基本原理を考案した日本の科学者

このDウェイブが採用した量子アニーリング方式は、実は日本の科学者がその基礎理論を考案したものだ。それは1998年に、東京工業大学の西森秀稔教授（現特任教授）と、当時、同教授が指導した大学院生の門脇正史氏（現在はデンソー勤務）の2人が共同で提案した理論[4]である。

筆者は日本の報道関係者の間では最初となる2013年5月、西森教授に1時間ほどインタビューする機会を得たので、Dウェイブの量子コンピュータを実際どう見ているかを聞いてみた。当時、このインタビューを「現代ビジネス」というウェブ・メディアに掲載[5]したが、以下はその一問一答である(敬称略)。

小林:「量子ゲート」と「量子アニーリング」の違いは何か?
西森:ゲート・モデル(量子ゲート)は、途中の状態がとても不安定だ。それは「デコヒーレンスの問題」と呼ばれ、せっかく作った状態がすぐに壊れてしまう。それを制御するのは技術的に非常に難しいので、わずか数個の量子ビット以上の量子コンピュータはなかなか実現できない。
　これに対し、量子アニーリングは「基底状態」と呼ばれるエネルギーが最も低い状態を扱うので、とても安定している。だからこそDウェイブが「512量子ビットの量子コンピュータを作った」と言っても、それだけで「嘘だ」と言うわけにはいかない。
小林:教授ご自身はどう見ておられるのか?
西森:少なくとも当初、Dウェイブは宣伝が先行していたと思う。彼らに言わせると、「同じ性能の計算機でも『量子』という言葉を名前に入れると、セールス・トークとして物凄くインパクトが強い」と。彼らのようなベンチャーは投資家から調達した資金がなくなったら潰れてしまうので、「量子」を強調して（投資を呼び込んで）生き残ってきた。そこを「胡散臭い」と言う人もいる。

私も最初はそうだった。しかし今から1年ほど前に（Ｄウェイブが）１２８量子ビットのマシンを作って、「それが動作する」という論文が『ネイチャー』や『サイエンス』のような一流誌に掲載された。それで風向きが変わったと思う。つまり「これは本当に（量子力学に従って）動作しているのではないか」と。それ以前、彼らはきちんと論文を出していなかった。

小林：数字的にはどの程度の評価か？

西森：個人的な評価は変わってきている。5、6年前までは9対1位で（Ｄウェイブの〝量子コンピュータ〟は）「眉唾」と見ていた。今は五分五分か、ひょっとしたら、それを超えたかもしれない。ちょうど（評価がマイナスからプラスへと）クロスした辺りだ。

小林：他の専門家もそう見ているのか？

西森：少なくとも（Ｄウェイブ製コンピュータの）スピードが従来型コンピュータより優れている点については、第三者的な検証も相当固まってきた。が、それでも「まだ駄目だ」としつこく言う専門家も多い。

小林：そうした批判を、教授ご自身はどう見るか？

西森：彼ら（Ｄウェイブを批判する人たち）が言ってることには、的を射ている部分もあれば、思い違いをしている部分もある。が、それ以上に重要なことは、そうした批判にDウェイブがどう対応しているかだ。ちょっと批判されたからと言って、すぐに感情的になるようなら芽はない。

むしろ、そういう批判にきちんと答えることが学問的にはとても重要で、今回、Dウェイブはそれをやっている。彼らは自分たちを批判する論文に反論する論文をすぐに出して、それにまた反論が寄せられ、またそれにも論文で反論している。こう見てくると、Dウェイブは持ちこたえることができそうな気がする。少なくとも、誰かに反論されたからと言って、簡単に潰れてしまうような仕事ではない。

小林：それは結局、（Dウェイブ製コンピュータのベースとなる）「量子アニーリング」という理論が優れていたからか？

西森：量子アニーリングで解けるのは、「最適化問題」と呼ばれる特殊な問題に限定される。これに対し（量子ゲート方式の）一般的な量子コンピュータはもっと幅が広い問題にも使うことができる。そういう意味では、もし上手く行くなら、そっち（量子ゲート方式）の方がいいと思う。

小林：つまり（量子アニーリングでは）応用範囲を絞り込んだ分だけ、実用化も早くなった、ということか？

西森：まあ、そういうことだ。

小林：しかし、用途が限定されると言っても、グーグルは「機械学習のようなＡＩ研究に使う」と言っている。ほんとに使えるのか？
西森：機械学習の分野でも、最適化問題は沢山あると思う。あるいは自然言語処理に使われる可能性もある。ただし（製品化されたとは言っても）まだ５１２量子ビットだから（本格的な利用には）微妙なところだ。
小林：その程度の性能なら、量子コンピューティングに何の意味があるのか？
西森：今後の発展性だ。今の５１２（量子ビット）から、今後１０２４、２０４８と拡張していくことで、量子コンピュータと従来のやり方とでは振る舞いが全然違ってくる。量子並列性が大幅に効いてきて、性能では桁違いの差が出てくるはずだ。

世界初の実用的な量子ビットも日本発

以上の会話から読み取れるように、２０１３年当時は量子アニーリングの理論を考案した西森博士自身さえ、それを量子コンピュータに応用したＤウェイブの真贋については半信半疑だった。もちろん自身と教え子が共同で編み出した理論自体の正当性には自信を持っておられたであろうが、まさかその理論を実践に移して本当に量子コンピュータを開発する企業が現れるとは夢にも思っていなかったに違いない。

実際、このＤウェイブが注目されるまで、量子コンピュータは科学界における一つの研究対象に過ぎず、それが間もなく製品化されると予想する人は皆無に近かった。その一つの理由は、そもそも実用化する必要性があまり感じられなかったからであろう。

　量子コンピュータの基本原理が提案された１９８０年代半ばから９０年代、さらに今世紀に入っても、しばらくの間はムーアの法則が健在で、このお蔭で下はパソコンやスマホのような一般消費者向け情報機器から上はスパコンのような超高速マシンまで、従来型コンピュータの計算速度は年々上昇していった。となると、あえて量子コンピュータのような既存の方式とはまったく異なる計算機をすぐにでも作り出す必要はなかったのだ。それはあくまでも一部科学者の好奇心や探究心を刺激する純粋な研究対象だった。

　ただ、この時代に日本の科学者が果たした役割はきわめて大きい。西森博士らが量子アニーリング理論を提唱したのとほぼ時を同じくして、当時ＮＥＣの基礎研究所に所属していた中村泰信氏（現在は博士、東京大学教授）、ユーリ・パシュキン博士（現在は英ランカスター大学教授）、そして蔡兆申博士（現在は東京理科大学教授）らの科学者チームは、世界で初めて超伝導回路による「量子ビット（qubit）」を作り出すことに成功した。

　あらためて説明するまでもないかもしれないが、従来のコンピュータは「ビット」と呼ばれる情報単位を処理することで計算を行う。２進法を採用するビットは、ある時点で「０」か「１」かのいずれかの値を取る。

　これに対しミクロ世界を扱う量子力学にもとづく量子ビットは、ある時点で「０」と「１」の両方の状態を取り得る。こう説明しながら、筆者は自分で自分が何を言っているのかよくわからない。

それは筆者だけではない。マイクロソフト共同創業者ビル・ゲイツ氏はかつて同社の量子コンピュータ開発プロジェクトについて「マイクロソフトでプレゼンされるさまざまなスライドの中で、私がまったく理解できないものの一つだ」と認めた。

それどころか量子コンピューティング（シミュレーション）の可能性に世界で初めて言及したリチャード・ファインマン博士でさえ「量子力学を理解している人は世界に誰一人いないと自信を持って言える」と語っている。

量子力学とはそれほど理解しがたい代物なのだ。が、19世紀末から20世紀初頭に量子力学が誕生して以来、１００年以上に及ぶ数々の実験や理論的研究を経て、原子レベル以下のミクロ世界では「０でもあり1でもある状態が成立する」ということは、たとえ私たちが直観的に理解できなくても受け入れざるを得ない事実となっている。これは量子力学の専門用語で「量子重ね合わせ（quantum superposition）」と呼ばれる現象で、難解かつ深遠な確率理論によってのみ説明される。

このため、人為的にそうした奇妙な状態を作り出すのは一筋縄ではいかない。中村氏らＮＥＣの研究チームは、絶対零度（摂氏マイナス２７３・１５度）に近い極低温で物質を冷やして電気抵抗をなくした。ここから「ジョセフソン効果」と呼ばれる物理現象による超伝導量子ビットを作り出すことに成功。この成果を99年に英国の科学誌『ネイチャー』に発表した。[6]

当時、世界中の研究機関が「真空中のイオン（電化を帯びた原子または原子団）」や「液体中の分子」、あるいは「光子」などさまざまな手段で量子ビットの開発に取り組んでいたが、NECの研究チームによる超伝導量子ビット技術は実用性という点で抜きん出ていた。

それはまた通常目に見えないミクロ世界を支配する量子力学が、目に見えるマクロ（巨視的）現象として現れた稀に見るケースだろう。

たとえば極低温の液体ヘリウムが重力に逆らって壁をよじ上る「超流動」など、マクロな量子効果が報告された事例は過去に数えるほどしかない。いずれも第一発見者はノーベル賞を受賞している。超伝導量子ビットも一種のマクロな量子効果と見ることができそうだが、それが超流動のような単なる物理現象の域を超えて「量子コンピュータによる超高速計算」という目に見える情報処理へと昇華された点は驚嘆に値する。

このためにNECの研究チームが作り上げた実験設備は、天井から逆さまに吊り下げられたタワー（塔）型の冷却装置に何本もの金属棒が取り付けられた独特の姿をしていた。後にIBMやDウェイブ、グーグルなどが開発することになる量子コンピュータは、いずれもこれと似た外観だ。その理由は、各社のマシンが中村、蔡博士らによる超伝導量子ビットの技術をベースとしているからだろう。

彼らが、この基礎技術を確立してから約20年が経過した今、従来型コンピュータの計算速度が上昇する根拠とされてきたムーアの法則やデナード則が限界に近づき、ないしは半ば限界に達し、これまでとはまったく異なる計算原理に従う量子コンピュータの実用化が待ち望まれているのだ。

鍵となる技術は誤り訂正

こうした機運の中でグーグルやマイクロソフト、ＩＢＭなど米国の巨大ＩＴ企業は足元でＡＩ処理用の半導体チップを着々と開発する一方、その先を見据えた量子コンピュータにも取り組み始めている。

グーグルは２０１３年、自社の量子ＡＩ研究所にＤウェイブ製のマシンを導入したのに続き、翌14年には自ら量子コンピュータの開発に乗り出した。量子アニーリングと量子ゲートの両方式で研究開発を進めていく方針だ。

一方、マイクロソフトは早くも２００６年にカリフォルニア大学サンタバーバラ校と提携して「ステーションＱ」と呼ばれる共同研究グループを立ち上げ、量子コンピュータの基礎研究に着手。14年には「量子ゲート」あるいは「量子アニーリング」とも異なる、まったく新たな方式にもとづく量子コンピュータの開発プロジェクトをスタートした。

「トポロジカル量子コンピューティング」と名付けられた新方式では、量子力学の統計的な性質にもとづく「フェルミ粒子（Fermion）」と「ボース粒子（Boson）」の中間的な存在である、「エニオン（Anyon、分数統計粒子）」によって量子並列性を実現するとしている。ただしエニオンは

２０２０年にその存在が実験で確認されたとの報告もあるが、物理工学的には比較的新しい研究領域であるため、かなりリスキーなプロジェクトであることは否めない。

またＩＢＭや軍需企業ノースロップ・グラマン、さらには同じく軍需企業レイセオンの傘下で研究開発を受託するＢＢＮテクノロジーズなども、06年頃から量子コンピュータの研究開発を進めてきた。彼らは「電子のスピン（角運動量）」や「光子の偏向」を計測することで量子ビットを作り出そうとしている。

これらさまざまな方式の量子コンピュータ開発に共通する、大きな課題は「誤り訂正」と呼ばれる技術の確立だ。

量子コンピュータを実現するには、前述の「量子重ね合わせ」と同時に「量子もつれ(quantum entanglement)」と呼ばれる現象も必要となる。つまり同時に「１」と「０」の両方の状態を併せ持つ量子ビットが何個も縺(もつ)れ合って、互いに影響を及ぼし合いながら変化する。これが「量子もつれ」だ。

この複雑な仕組みによって、ｎ個の量子ビットは（２のｎ乗）個の数字を同時に表現できる。従来のコンピュータであれば、たとえそれがスパコンであってもｎ個のビットは同時に1個の数字しか表現できない。この違いが量子コンピュータに従来とは比較にならない超高速計算の能力を育んでいる。

ところが「量子重ね合わせ」と「量子もつれ」を同時に実現することは技術的に困難を極め、

たとえ成立しても、その状態は数マイクロ（１００万分の１）秒程度で破綻して計算結果に誤りが生じてしまう。これは汎用的な量子ゲート方式の量子コンピュータにおいて深刻な問題となっている。

15年、グーグルとカリフォルニア大学サンタバーバラ校の共同研究チームがこの問題への解決策を提示した。[7] それによればデータの表現や計算に使われる量子ビットに、これらの状態を観測するための量子ビットをいくつか追加することで誤りを訂正できるという。

通常、量子力学の不確定性原理により、変化する量子ビットの状態を直接観測することはできない。しかし彼らは「射影的量子計測（projective quantum measurement）」という特殊な手法を繰り返し適用することによって、全体で9量子ビットというきわめて小規模な量子計算システムではあるが、その誤りを観測し訂正することができたという。

しかし、そこには重要な但し書きがついている。仮に、この方式で将来、実世界の問題に適用できる本格的な量子コンピュータを開発するには、誤り訂正用に非常に多くの量子ビットが必要になるということだ。

それでも、この問題への基本的な解決策が提示されたことで、世界各国でその後の量子コンピュータ開発に大きな弾みがついた。グーグルやマイクロソフトのみならず、ベンチャー・キャピタル（ＶＣ）などから投資を受けた数多くのスタートアップ企業が量子コンピュータの開発に乗り出した。

特に米中両国は未来のハイテク覇権を賭けて、国家レベルで量子コンピュータの開発に注力している。中国は16年の「第13次5ヵ年計画」で量子コンピュータや量子暗号など量子技術を重点分野に指定。米ドル換算で約100億ドル（1兆円以上）を投じて「国立量子情報科学研究所（National Laboratory for Quantum Information Sciences）」を設立した。[8]

これに対し米トランプ政権（当時）は18年に「国家量子イニシアティブ（National Quantum Initiative）」を策定し、以降5年間で約12億ドル（1200億円以上）を投じて量子コンピュータなど量子技術を開発していく方針を打ち出した。

このような科学技術政策はバイデン政権にも引き継がれ、トランプ政権にも増して巨額の予算が量子コンピュータや、その主な活用先となるAIの研究開発などに振り向けられる見通しだ。[9]

対抗意識を露わにする米中両国

一方、民間では2019年10月、グーグルが「量子コンピュータ開発のブレークスルーとなる量子超越性を達成した」と英国の科学雑誌『ネイチャー』に発表した。[10] 同社が開発した量子計算技術は、絶対零度近くまで冷却した物質を使う超伝導方式によるものだ。

これによりグーグルが達成したと主張する量子超越性は、別名「量子加速」とも呼ばれる。同社が開発した量子プロセッサ「シカモア（Sycamore）」は、スパコンのような超高速の従来型コンピュータでも1万年以上かかる特殊な計算問題をわずか200秒でやり終えたという。

ただ、この主張に対してはＩＢＭが即座に反論した。グーグルが「従来のコンピュータなら１万年かかる」とする計算問題は、実は既存のスパコンでも２日半あれば計算が終わるというのだ。要するに「この程度の計算問題では量子超越性を達成したことの証にならない」と言いたいわけだ。

かつてカナダのＤウェイブが量子コンピュータを実現・製品化したと主張した時も、この分野の研究者や企業の多くはそうした主張の信憑性に強い疑問を投げかけた。19年のグーグルとＩＢＭの論争もそれに近いところがある。

一方、本章の冒頭で紹介したように、中国科学技術大学の研究チームは20年12月、グーグルとは異なる方式の光量子コンピュータで「ガウシアン・ボソン・サンプリング」という膨大なシミュレーションを２００秒でやり終えたと発表。同じ計算を富岳で実行すれば「６億年かかる」と主張している。

「米国のグーグルがスパコンで1万年かかる計算なら、我々中国チームは6億年かかる計算を同じく２００秒でやり終えた」ということか。思わず微笑を禁じ得ないが、いずれにせよ現時点の量子コンピュータは社会に役立つ実用的な問題を解けるレベルには至っていない。

量子コンピュータの開発をめぐっては、互いに競い合う国や企業、大学などの間で激しい対抗意識があるため、どの国や組織の主張が客観的に見て正しいのか現時点では判定しがたい。それはおそらく、いつの日か本格的な量子コンピュータが登場し、現実世界の難問を実際に解決した時にわかることであろう。

問題はそれがいつになるかだ。これも意見が分かれるところで、たとえばＩＢＭによれば量子コンピューティングは確かに将来有望な技術であるが、その研究開発は今なお初期段階にあるという。

一方、グーグルは量子超越性を達成したと主張する論文の中で「価値のあるアプリケーションの実現まで、あと一歩に迫っている」と述べるなど、かなり楽観的だ。

日本の強みとは

これら手強い外国勢を迎え撃つ日本の現状はどうか？

前述の通り、日本では早くも１９９０年代から超伝導量子ビットや量子アニーリングなど世界をリードする量子技術が研究開発されてきた。最近では日本政府が有識者会議で「量子技術イノベーション戦略」という国家戦略をまとめている[11]。

そのロードマップ（行程表）によれば、２０３０年頃までに量子超越性を実証。これと並行して誤り訂正型の本格的な量子コンピュータの開発を進め、２０３９年度以降にそれを実現する計画だ。これらのミッションを担う大学や研究機関の数を増やすと共に、２０３０年頃までに量子関連のスタートアップ企業が10社以上創設されることをめざす。

一方、民間の動きでは、富岳を手掛けた富士通が20年10月、量子コンピュータの実現に向けた研究開発戦略を発表した。理研と東京大学、大阪大学、オランダのデルフト工科大学の４研究機関と共同で研究開発を進めていくという。

この計画では、現在主流の量子ゲートとイジングマシン（量子アニーリング）という２つの方式のうち、汎用性の高い量子ゲート方式に注力。そのベースとなる超伝導量子ビットを開発した前述の中村泰信・東京大学教授のチームと共に、超伝導量子コンピュータの研究に取り組む。

この量子ゲート方式では、前述のようにグーグルが量子超越性を達成したと主張するなど先行している。しかし誤り訂正ができる量子計算のためには１００万個以上もの量子ビットが必要とされる中、グーグルの量子プロセッサ「シカモア」はわずか53量子ビットのシステムに過ぎない。

ここから見て取れるように、「（実用的に超越性が実現するまでには）現状では遠く及ばず、実現には長期的取り組みが不可欠」（富士通研究所ＩＣＴシステム研究所量子コンピューティングプロジェクトのプロジェクトディレクター、佐藤信太郎氏）という[12]。

官民の動きが活発化する中、日本の量子コンピュータ開発はおそらく予算面では米中両国に見劣りがするかもしれない。しかし量子コンピュータは「物理学」と「情報科学」が交わるところに生まれた比較的新しい研究領域であり、現時点では基礎的な素子やデバイスの開発など今なお「物理学」の比重が大きい。この分野で日本は長い伝統に支えられたトップクラスの実力を有している。

古くは１９４９年にアジア人として２人目となるノーベル物理学賞を受賞した湯川秀樹博士に

までさかのぼり、その後は物理学賞だけで（米国籍の科学者も含め）11人、化学賞や生理学・医学賞も含め自然科学全体では24人もの受賞者を輩出している。もっとも物理学賞受賞者の半数以上は「素粒子」の研究が専門であり、量子ビットを生み出す超伝導現象のような「物性物理」とは異なる領域だが、それでも量子力学を基礎とする点では同じだ。

このように長く豊饒な物理研究の歴史が、中村博士らの超伝導量子ビットや西森博士らの量子アニーリングなど基盤技術の創造につながったのではないか。アジア圏では突出し、世界でも5本の指に入る自然科学研究の歴史は、日本にとって最大の強みとなりそうだ。

しばしば指摘されるように、近年の日本は学術論文の発表数やその引用回数、世界大学ランキングなど主だった指標で低落傾向にある。このままでは将来、日本からノーベル賞受賞者が出なくなるとの予想さえ聞かれるほどだが、そうならないためには伝統が持つ意味と価値をあらためて認識する必要があるだろう。そこを起点に新たな研究活動へと向かうことが「科学技術立国」再興への近道ではなかろうか。

日本の伝統的な半導体技術を復活させたスパコン富岳はそれに向けた第一歩であり、その先にある量子コンピュータの開発でも同じことが言えるはずだ。

参考文献

1 "Quantum computational advantage using photons," Han-Sen Zhong, et. al., Science, 18 December 2020

2 "Physicists in China challenge Google's 'quantum advantage'," Philip Ball, Nature news, 03 December 2020

3 "Richard Feynman On quantum physics and computer simulation," Los Alamos Science, Number 27 2002

4 "Quantum annealing in the transverse Ising model," Tadashi Kadowaki and Hidetoshi Nishimori, Physical Review, 1 November 1998

5 「D-Waveの量子コンピュータは本物か？　その基礎理論を考案した日本人科学者に聞く」、小林雅一、「現代ビジネス」、２０１３年６月６日

6 "Coherent control of macroscopic quantum states in a single-Cooper-pair box," Y. Nakamura, Yu. A. Pashkin & J. S. Tsai, Nature, 29 April. 1999

7 "State preservation by repetitive error detection in a superconducting quantum circuit," J. Kelly et. al., Nature, 4 March 2015

8 "China goes big with 92-acre, $10 billion quantum research center," Superposition, 31, October 2017

9 "AI, Quantum R&D Funding to Remain a Priority Under Biden," Sara Castellanos, The Wall Street Journal, November. 9, 2020

10 "Quantum supremacy using a programmable superconducting processor," Frank Arute, et. al., Nature, 23 October 2019

11 「量子技術イノベーション戦略（最終報告）」、令和2年1月21日、統合イノベーション戦略推進会議

12 「富士通、量子コンピュータ実現に向け研究を本格化」、永山準、EE Times Japan、２０２０年10月14日

おわりに——先駆者が切り拓いた豊かな土壌

富岳を生み出した日本のコンピュータ技術力の源流はどこにあるのだろうか？　それが知りたくなって「日本最初のコンピュータ」とネット検索してみると、画面に表示されたのは「ＦＵＪＩＣ」というローマ字名だった。

ＦＵＪＩＣは１９５６年、当時の富士写真フイルム（現在の富士フイルム）に勤務していた技術者、岡崎文次氏（１９１４～９８年）がほぼ独力で作り上げた電子計算機である。開発に着手したのは戦後間もない１９４９年。同社でカメラレンズの設計課長をしていた岡崎氏は、それまで数十人の人手に頼っていた光線の収差を求める計算を効率化するため電子計算機の必要性を感じた。

が当時、日本には1台のコンピュータも存在しないばかりか、世界を見渡してもまだ数台しか稼働していなかった。そこで岡崎氏はこれを自分で作ることにした。当座の研究予算として会社に請求したのは約20万円。計算手の女性一人に手伝ってもらいながら、本業とは別に片手間仕事として気長に開発することにした。

数少ない海外の論文や雑誌記事を漁り、時にはＧＨＱ（連合国軍最高司令官総司令部）のＣＩＥ図書館で文献を撮影するなどして情報を集めた。部品は主に東京・神田須田町の露店で購入。論理回路には約１７００本の真空管、記憶装置には「水銀を使った超音波ディレイライン」という今では想像もつかない大がかりなドラム方式を採用。しかも、この珍しい装置は岡崎氏が自作せざるを得なかった。やがて計算機本体の組み立て作業に入る時には、半期の予算として２００万円を獲得。社内修理部門から数名の支援を得ながら、通算約7年の歳月をかけてＦＵＪＩＣを完成させた。

それは単なる実験機や試作機のレベルをはるかに超えた本格的なコンピュータだった。米国で巨額の軍事予算をかけて開発された世界最初の汎用コンピュータ「ＥＮＩＡＣ」は、問題が変わるごとにケーブルやダイヤルをセットし直さなければならなかった。これに対しプログラム内蔵方式のＦＵＪＩＣは、カードリーダーに読み込ませるプログラム（ソフトウェア）を変えるだけで済んだ。この点で、日本の技術者が単独で作り上げた電子計算機のほうがはるかに使いやすく、現在のコンピュータに近いものだった。

富士写真フイルムはＦＵＪＩＣを業務に導入することで、カメラレンズの設計速度を人手の１０００～２０００倍くらい上げることができた。社外からも使わせてほしいという依頼があると、会社に来て自由に使ってもらった。しかし、その後会社の方針でレンズ設計業務が廃止されたのに伴い、稼働開始からわずか2年でＦＵＪＩＣの役目は終わり、早稲田大学に寄贈されたという（以上、「ＦＵＪＩＣ／日本最初のコンピュータを一人で作り上げた男――岡崎文次」、遠藤諭、ASCII.jp×ビジネスより）。

当時の日本は、岡崎氏のみならず国を挙げて国産コンピュータの開発に取り組んでいる時期にあった。たとえば通産省工業技術院電気試験所が開発し、ＦＵＪＩＣの4ヵ月後に稼働し始めた「ETL Mark III」、あるいは東京大学や東芝の共同開発で１９５９年に完成した「ＴＡＣ（Tokyo Automatic Computer）」などが最初期の日本製コンピュータとして知られている。

この頃、非常に重要な役割を果たした研究者が東京大学理学部物理学科の高橋秀俊研究室に所属していた大学院生、後藤英一氏（１９３１～２００５年）だ。当時、コンピュータの主要部品でありながら故障しやすかった真空管に代わり、動作が安定して故障しにくい「パラメトロン」という日本独自の論理素子を発明したことで知られる。この素子を使って、東大のみならず日立製作所、富士通、日本電気なども次々と国産計算機を開発していった。この点で日本コンピュータ産業の礎を築いた研究者と見ることができるかもしれない。

残念ながら、その後はより動作速度の高い素子トランジスタにとって代わられ、パラメトロン・コンピュータの時代は長く続かなかった。しかし後藤博士の知的探究心と研究意欲は衰えることなく、その後も理研の主任研究員や東京大学理学部教授などを歴任しながら、次々と独創的な研究成果を上げていった。

１９８６年、後藤博士はパラメトロン技術とジョセフソン素子を結合させた「磁束量子パラメトロン（ＱＦＰ：Quantum Flux Parametron）」を発明した。この新しい素子は現在、グーグルやＩＢＭ、マイクロソフトなどと競うように量子コンピュータを開発しているカナダのＤウェイブが、基本的な要素技術として自社製のマシンに採用している。

この事実を初めて知った時、筆者は眩暈（めまい）がするような衝撃を受けた。おそらく戦争による荒廃の記憶が人々の心に生々しく残っていたであろう１９５０年代、草創期のコンピュータ産業で活躍した人物が、21世紀を切り拓く量子コンピュータの黎明期にも、自らの科学的遺産によって大きく貢献している。この類稀な研究者は、心に思い描いたタイムマシンにでも乗って未来を見つめていたのであろうか。

岡崎氏や後藤氏のような先駆者が切り拓いた豊かな土壌の上に世界ナンバーワンのスパコン富岳が育まれたとすれば、伝統の力は今も生き続けていると見るべきだろう。後に続く科学者やエンジニアがそれを受け継ぎ、発展させてくれることを期待したい。日本の将来はそれにかかっていると言っても過言ではないだろう。

※

末筆になりますが、本書執筆にあたり忙しい合間を縫って取材をお引き受け頂いた専門家の方々と、その調整にあたってくださった関係者の皆様に厚く御礼申し上げます。

２０２１年３月

著　者

ラクレとは…la clef＝フランス語で「鍵」の意味です。
情報が氾濫するいま、時代を読み解き指針を示す
「知識の鍵」を提供します。

中公新書ラクレ
723

「スパコン富岳」後の日本

科学技術立国は復活できるか

2021年 3 月10日発行

著者……小林雅一

発行者……松田陽三
発行所……中央公論新社
〒100-8152 東京都千代田区大手町 1-7-1
電話……販売 03-5299-1730　編集 03-5299-1870
URL http://www.chuko.co.jp/

本文印刷……三晃印刷
カバー印刷……大熊整美堂
製本……小泉製本

Published by CHUOKORON-SHINSHA, INC.
Printed in Japan　ISBN978-4-12-150723-5　C1204

中公新書ラクレ　好評既刊

L578
逆説のスタートアップ思考

馬田隆明 著

爆発的な成長を遂げる組織「スタートアップ」。起業を志す人が増え、新事業立ち上げに携わることが当然となった今、そこで培われた考え方はより価値があるものになった。一方、東大産学協創推進本部に所属する筆者は「日本が健全な社会を維持するために、スタートアップは不可欠」と主張する。なぜ必要なのか？　なぜ大学発起業数で東大が圧倒的1位なのか？　逆説的で反直感的な「スタートアップ思考」であなたも革新せよ！

L691
中国、科学技術覇権への野望
―宇宙・原発・ファーウェイ

倉澤治雄 著

近年イノベーション分野で驚異的な発展を遂げた中国。米国と中国の対立は科学技術戦争へと戦線をエスカレートさせ、世界を揺るがす最大の課題の一つとなっている。本書では「ファーウェイ問題」を中心に、宇宙開発、原子力開発、デジタル技術、大学を含めた高等教育の最新動向などから、「米中新冷戦」の構造を読み解き、対立のはざまで日本は何をすべきか問題提起する。著者がファーウェイを取材した際の貴重な写真・証言も多数収録。

L708
コロナ後の教育へ
―オックスフォードからの提唱

苅谷剛彦 著

教育改革を前提から問い直してきた論客が、コロナ後の教育像を緊急提言。オックスフォード大学で十年余り教鞭を執った今だからこそ、伝えられること――そもそも二〇二〇年度は新指導要領、GIGAスクール構想、新大学共通テストなど一大転機だった。そこにコロナ禍が直撃し、オンライン化が加速。だが、文科省や経産省の構想は、格差や「知」の面から諸問題をはらむという。以前にも増して地に足を着けた論議が必要な時代に、処方箋を示す。